Sabrina Gruber

Unnützes Wissen über Hunde

Skurrile Fakten und lustige Geschichten über den besten Freund des Menschen

Haftungsausschluss: Autor/in und Verlag geben keine Garantie oder Gewährleistung auf die Aktualität, Richtigkeit und Vollständigkeit der Inhalte dieses Buches.

1. Auflage 2021

Autorin: Sabrina Gruber

ISBN: 978-3-9504948-0-8

Dieses Buch ist auch als E-Book und als Hardcover erhältlich.

Inhaltsverzeichnis

Die spannende Welt der Hunde – Eine kleine Einleitung

Der Hund ist ein treuer Begleiter und Weggefährte. Er akzeptiert sein Herrchen und ist ein lebenslanger Freund. Wer Hunde mag, wird in seinem Leben nie allein sein. Es gibt viele interessante Geschichten über Hunde. Der Hund hat seinen Platz in der Literatur gefunden und natürlich in Filmen und Serien. Lassen Sie uns einen Rundgang durch die Welt der Hunde und deren Besitzer wagen. Sie werden erstaunliche Dinge kennenlernen und von ungewöhnlichen Geschichten hören. Sie werden treue Begleiter antreffen und auch traurige Geschichten. Sie lesen von ungewöhnlichen Rekorden, skurrilen Begebenheiten und neusten Erkenntnissen.

In diesem Buch werden Sie während dem Lesen auf Silhouetten unterschiedlichster Hunderassen treffen. Unter dem Bild steht der Name der Rasse. Sie sehen einen Querschnitt aus den vielfältigen Hunderassen dieser Welt. Die Größe der Abbildungen ist nicht maßstabsgetreu. Hier ein Beispiel:

Belgischer Schäferhund (Malinois)

Weimaraner

Viel Spaß beim Lesen!

Woher der Hund kommt und wie er zum Wolf steht

Der „Canis lupus familiaris“ ist ein Haushund, ein Vierbeiner, der dem Menschen Freude bereitet und ihm ein Freund und Gefährte ist. Er stammt vom Wolf ab und wurde irgendwann domestiziert, das heißt, gezähmt und an den Menschen gewöhnt. Wann dies geschehen ist, ist nicht wirklich bekannt.

Eine Hochrechnung geht davon aus, dass der Wolf vor 100.000 Jahren vom Menschen gezähmt wurde. Einen Beweis dafür gibt es nicht. Jedoch wurde 2014 ein Wolfsschädel gefunden, der Merkmale eines domestizierten Tieres aufweist. Dieser Schädel wurde im Altai-Gebirge gefunden. Das Tier ist 33.000 Jahre alt.

Es ist nicht ganz einfach für Archäologen anhand von Knochenfunden zu belegen, dass ein Wolf gezähmt wurde und an den Menschen angepasst lebte. Es gibt auch einen Fund, der 19.000 Jahre alt ist.

In Deutschland werden etwa 9 Millionen Haushunde gehalten. Weltweit sind es 500 Millionen. Viele davon sind freilebend bzw. verwildert. Manchmal sind diese Hunde für eine Region ein Problem. Tierschutzorganisationen versuchen diesem Problem Herr zu werden.

Interessanterweise kann man Wölfe und Hunde kreuzen. Der Verhaltensforscher Erik Zimen kreuzte Königspudel und Wolf. Das Ergebnis waren die Puwos. Dieser Pudelwolfhybride hat eine interessante Fellfarbe. Auch Kojoten und Goldschakale wurden erfolgreich mit

Hunden gekreuzt. Oftmals haben Züchter oder Verhaltensforscher Wölfe in Hunderassen eingekreuzt, um die Tiere kräftiger zu machen oder bestimmte andere Merkmale in den Vordergrund zu bringen.

In den italienischen Abruzzen und in Teilen Russlands haben sich Schäferhunde selbstständig mit Wölfen gekreuzt. Die Tiere sind ausgebüchst oder verwildert und haben Gefallen an ihren Artverwandten gefunden. Bei der arabischen Unterart unseres Wolfes „Canis lupus arabs“ wird aufgrund der manchmal vorkommenden Augenfarben und Felltöne angenommen, die Tiere haben sich einmal mit Haushunden gepaart.

Für die Wölfe ist die Vermischung von Hunden in ihre Rudel und deren Verpaarung nicht unproblematisch. Die Hunde verändern die Rassenreinheit der Tiere und bedrohen die Art. Man spricht hier von einer „Hybridisierung“.

Azawakh

Pudel

Hunde einteilen

Hunde werden natürlich nicht nur nach Rassen unterschieden. Es gibt viele Regeln, die den Vierbeiner in Gruppen und Untergruppen teilen. Unser Vierbeiner gehört zoologisch zur Ordnung der Raubtiere und der Unterordnung der Hundeartigen. Er gehört der Gattung der Wolfs- und Schakalartigen, der Art Wolf und der Unterart Haushund an. Diese Einteilung ist natürlich nur für Biologen und Zoologen interessant.

Anhand des Zusammenlebens unterscheidet man wilde Hunde, verwilderte Hunde, freilebende Hunde ohne Besitzer und freilebende Hunde im Dorf. Letzteres bedeutet, dass der Hund bei einem Nachbarn zu Hause ist. Des Weiteren werden freilebende Hunde, die von einer Familie gehalten werden mit einem festen Besitzer und eingeschränkt bewegungsfreie Hunde unterschieden. Letztere haben ebenfalls einen Besitzer, werden aber in einem Zwinger oder nur auf einem Grundstück gehalten. Bei dieser Unterscheidung der Hunde wird die Gruppe anhand des Zusammenlebens mit den Menschen gebildet.

Man unterscheidet Hunde auch anhand der Nutzung. So gibt es Jagdhunde, Hirtenhunde, Wachhunde, Hunde, die als Zugtiere oder für Transporte verwendet werden und Hunde für Freizeitaktivitäten. Darüber hinaus werden Hunde als Versuchstiere und in der Forschung eingesetzt und wurden als Pelztierlieferanten für die Kleidungsindustrie genutzt. Pelze aus Hundefellen waren in Asien, Nordamerika und Brasilien gefragt. Hundeleder wurde für die Produktion von Handschuhen genutzt. In Europa wollte man den Käufern nicht darlegen, dass so mancher Pelz aus dem Fell eines Hundes gewonnen war. Daher nannte man den Ursprung „Gaewolf". In der EU ist seit 2008 der Import von Katzen- und Hundefellen verboten.

Anhand des Verwendungszweckes lassen sich Hunde auch als Hirtenhunde, Hofhunde, Stallhunde, Gesellschaftshunde, Jagdhunde und Windhunde unterteilen. Bei der Rassehundezucht gibt es eine Einteilung entsprechend dem sogenannten FCI-System.

Pharaonenhund

Prager Rattler

Der Hund und wie er aufgebaut ist

Für die Tiermedizin, die Hundehaltung und für die Unterscheidung von Rassen und Hunden ist es wichtig, den Aufbau des Hundes genau beschreiben zu können. Welches Organ wird wie beschrieben und wie heißt es? Man spricht hier von den „kynologischen Fachbegriffen". Der FCI hat dazu Rassestandards festgelegt. FCI steht für Federation Cynologique Internationale und ist der oberste Dachverband der Hundehalterverbände. Er verabschiedet Standards und Regeln. Der FCI ist in Belgien beheimatet. Ihm gehören 86 Mitglieds- und Partnerländer an.

Wichtige Merkmale bei einem Hund sind der Stop, der Fang und die Wamme. Der Stop ist der Absatz zwischen Stirn und Nase. Zum Fang gehören Maul, Schnauze und Lefzen des Hundes. Die Wamme wird aus Kehle und Kehlhaut gebildet. Weitere wichtige Punkte am Hundekörper sind Schulter, Ellbogengelenk, Vorderfuß, Kruppe, Keule und Sprunggelenk. Die Kruppe ist der höchste Punkt am Hinterteil des Hundes. Zur Keule gehören Oberschenkel und Hüftgelenk. Außerdem gibt es den Hinterfuß, den Widerrist, das Kniegelenk, die Läufe und die Rute. Letzteres ist der Schwanz des Hundes. Der Widerrist ist der höchste Punkt an der Schulter. Zu den Läufen zählen Beine und Pfoten des Hundes. Anhand dieser Punkte können Sie eine Rasse beschreiben und von einer anderen unterscheiden.

Aber es gibt noch mehr wichtige Punkte am Körper des Hundes. Das Gebiss des Hundes zählt 42 Zähne. Hier gibt es Schneidezähne, Eck- und Hakenzähne und Backenzähne. Einer der Backenzähne wird oft als Reißzahn benannt. Er ist etwas kräftiger ausgebildet. Die Zahnstellung bei den verschiedenen Hunderassen ist sehr unterschiedlich. Bei einem Schäferhund sitzen die Schneidezähne des Oberkiefers so, dass sie etwas hinter denen des Unterkiefers aufsitzen. Bei Hunderassen wie dem Deutschen Boxer und dem Pekinese ist der Kopf etwas kürzer ausgebildet. Dadurch sind auch die Zahnstellungen etwas anders. Der Oberkiefer ist etwas kürzer als der Unterkiefer. Hier gibt es einen sogenannten Vorbiss. Bei einigen Hunderassen wie dem Collie, dem Whippet und dem Barsoi ist es genau umgekehrt.

Die Körpertemperatur eines Hundes liegt bei 37,5 bis 39

Grad Celsius. Ein Hund hört sehr gut. Er kann im Bereich von 15 – 50.000 Hz hören. Der Mensch hört nur 20 – 20.000 Hz. Hunde verfügen über Ohrmuscheln, die sie bewegen können. Daher kann der Vierbeiner die Richtung eines Geräusches erkennen. Die Annahme, dass Hunde nur Schwarz- / Weißtöne sehen können, gilt als überholt. Hunde können sehr wohl farbig sehen. Sie können jedoch die Farbe Rot nicht erkennen. Die Nase ist sehr viel feiner ausgeprägt, als die des Menschen. Während der Mensch nur 5 Millionen Riechzellen hat, kommt ein Schäferhund auf 220 Millionen. Hunde können unterscheiden, ob ein Geruch von rechts oder links kommt. Sie besitzen eine Art dreidimensionales Geruchsvermögen. Daher können sie Spuren so gut folgen und die Richtung erkennen, aus denen diese kommen. Das Auswerten der Geruchsspuren erfolgt in einem 10 Prozent großen Hirnbereich. Beim Menschen sind nur 1 Prozent des Gehirns für die Sinneswahrnehmung Riechen reserviert. Mit dem Jacobsonchen Organ können Hunde einen Geruch „erschmecken".

Im Schmecken sind wir Menschen dem Hunde überlegen. Der Hund verfügt nur über 1.700 Geschmacksknospen. Wir Menschen haben 9.000. Für so ein Hundeleben ist das Riechen viel wichtiger. Dazu gibt es einen Tastsinn. Berührungen sorgen für eine Bindung zu einem Menschen. Jeder Hund mag Streicheleinheiten. Die Schnurhaare an der Nase des Hundes sind nicht so lang und empfindlich, wie bei einer Katze. Hunde können das Magnetfeld der Erde wahrnehmen und richten sich beim Koten und Urinieren danach aus.

Hunde werden im Alter von 4 bis 14 Monaten geschlechtsreif. Wird eine Hündin erfolgreich gedeckt, gebärt sie ihre Jungen nach einer Dauer von 63 bis 65 Tagen. Jede Hündin kann drei bis 12 Welpen zur Welt bringen. Das ist je nach Rasse unterschiedlich.

Die Lebenserwartung eines Hundes beträgt etwa 15 Jahre. Dabei gilt, dass kleinere Hunderassen älter als große Hunderassen werden. So wird eine Deutsche Dogge bis zu 9 Jahre alt. Ein Dackel kann ein Lebensalter von 15 Jahren erreichen.

Petit Basset Griffon Vendéen

Border Collie

Hunde als Versuchstiere

Dass Hunde in der Medizin zu Forschungszwecken eingesetzt werden, mag man sich kaum vorstellen. So werden Medikamente und Gifte an Hunden getestet. Dazu werden extra gezüchtete Beagles genutzt. Auch in der epidemiologischen und der genetischen Forschung werden Hunde eingesetzt. Was den Vierbeinern hier passiert, mag man sich nicht vorstellen. Aus diesem Grund soll das hier auch nicht weiter vertieft werden.

Hunde für jeden Einsatzzweck

Der Begriff Gebrauchshunde klingt unfreundlich und passt nicht so gut zu unserem vierbeinigen besten Freund. Jedoch fallen darunter alle ausgebildeten Hunde, die eine spezielle Aufgabe ausführen müssen. Darunter zählen zum Beispiel Polizeihunde, Drogenspürhunde, Sprengstoffsuchhunde, Blindenführhunde, Assistenzhunde, Signalhunde, Rettungshunde, Therapie- und Differenzierungshunde. Keine Sorge. Wenn Sie nicht jeden Begriff kennen und zuordnen können, ist das nicht so schlimm. Ich komme gleich noch zu einigen dieser Einsatzzwecke und erzähle Ihnen etwas dazu.

Der Polizeihund ist ein Oberbegriff für Hunde im Polizeieinsatz. Ausgebildete Hunde werden eingesetzt, um Sprengstoffe zu suchen, Drogen aufzuspüren und vermisste Personen oder ausgebüchste Sträflinge zu finden. Im Grenzeinsatz werden Autos oft mit Hunden durchsucht. Beim Riechen von Drogen oder Sprengstoffen, schlagen sie Alarm und bellen. Aber der Einsatz von Polizeihunden erfolgt nur nach Anforderung oder Stichprobenartig. Das intensive Suchen nach Gerüchen strengt einen Hund an. Er muss schon nach kurzer Zeit eine Pause einlegen. Es gibt auch ungewöhnliche Polizeihunde wie den Brandmittelspürhund, den Leichenspürhund, den Datenträger- und den Geldmittelspürhund.

Bereits im 12. Jahrhundert wurden Hunde als Diensthunde bei der Stadtwache eingesetzt. Richtig bekannt wurden sie erst, als man sie 1816 in England zum Suchen von Whiskyschmugglern einsetzte. 1896 wurde in Hildesheim den Nachtwächtern Doggen zugeteilt. Erst 1902 wurde der Polizeihund richtig eingeführt. Das kam dadurch, dass eine deutsche Dogge die Menschen vor einem gefährlichen Großfeuer fernhielt. In der Zeit des Nationalsozialismus wurden Hunde in den Konzentrationslagern eingesetzt. Eine richtige Ausbildung für Polizeihunde gab es erst ab 1970.

Neben der Polizei kommen Hunde auch beim Zoll zum Einsatz. Hier spüren Sie Drogen, Waffen, Sprengstoff, Bargeld, Tabak und tierische Nahrungsmittel auf. Neben den sogenannten Aktivhunden, die durch Bellen oder Kratzen anzeigen, wenn sie etwas gefunden haben, gibt es auch Passivhunde. Sie zeigen durch Blickkontakt oder andere trainierte Verhaltensweisen an, wenn sie fündig wurden. Für die Unterrichtung von Hunden für den Zoll gibt es Zollhundeschulen.

Außerdem werden Hunde im Strafvollzug eingesetzt und in den USA, Australien und Neuseeland zur Kontrolle über Quarantänevorschriften. In Kanada dienen Hunde auch der Lebensmittelüberwachung beim Zoll.

Im Militär wurden Hunde von Hundestaffeln geführt. Dies geschah im ersten und zweiten Weltkrieg. Diese „Kriegshunde“ setze man ein, um Meldungen weiterzugeben, medizinische Mittel oder kleinere Lasten zu transportieren. Dafür gab es sogar richtige Militärhundestaffeln.

Der Meldehund brachte im ersten und zweiten Weltkrieg Nachrichten von einem zu einem anderen Posten. Die Nachrichten wurden dabei auf einen Zettel geschrieben und in einer Kapsel um den Hals des Tieres angebracht. Hunde waren kleiner und schneller als menschliche

Soldaten. Dennoch wurden sie in den Kriegen zu einem Ziel und viele starben in den Schützengräben des ersten und zweiten Weltkrieges.

Im ersten Weltkrieg wurden 30.000 Kriegshunde eingesetzt. Übrigens auch Pferde, Esel, Maultiere, Kamele, Brieftauben, Ochsen, Kanarienvögel, Schnecken und Glühwürmchen. In Deutschland wurden Hunde beschlagnahmt und über 19 Sammelstellen für den Einsatz im Krieg trainiert.

Leider nutzte man Hunde auch, um sie mit Minen zu bestücken, zum Gegner zu schicken und dann zu sprengen. Hunde warnten im Krieg die Soldaten vor Giftgas. Ihr feiner Geruchssinn bemerkte sofort, wenn etwas nicht stimmte. Sie ersetzten Wachsoldaten und suchten Verwundete.

Der Zughund zog im Krieg schwere Maschinengewehre zur gewünschten Position. Der Panzerabwehrhund war leider auch eine Anwendung, die heute zum Kopfschütteln führt. Die Hunde wurden mit einer Sprengmine bestückt und darauf trainiert, unter einen Feindpanzer zu kriechen. Oben auf der Mine war ein Zünder angebracht, der beim Umknicken die Sprengung auslöste. Die russische Armee setzte im zweiten Weltkrieg derartige Hunde ein. Leider konnten die Hunde nicht immer zwischen russischen und deutschen Panzern unterscheiden. Der Einsatz war nicht effektiv. Später wurden Panzer nur noch mit entsprechenden Panzerabwehrwaffen beschossen. Eine Ausnahme gab es im syrischen Bürgerkrieg. Hier setzte der Islamische Staat Hunde mit Sprengsätzen ein und ließ sie in die irakischen Truppen laufen.

In der Schweiz ist der Sennenhund bekannt. Er wird bei Bauern gehalten und begleitet diese auf die Alm. Der Name kommt von dem schweizerischen Wort Senn, das für Alpenhirten steht. Eingesetzt werden der großer Schweizer Sennenhund, der Berner Sennenhund, der Appenzeller und der Entlebucher Sennenhund. Diese Rassen wurden extra für die Arbeit mit den Alpenhirten gezüchtet. Die Hunde hatten die Aufgabe, die Herde des Hirten zu bewachen, die Tiere auf die Almwiesen zu treiben, Wölfe und wilde Hunde zu vertreiben, dafür zu sorgen, dass keines der Tiere ausbüchste oder auch den Hof und das Haus des Bauern zu bewachen. Es wurden vor allem sehr große Hunde eingesetzt.

Der heute bekannte Sennenhund und die verschiedenen Rassen stammen aus dem 20. Jahrhundert. Die Hunde wurden nicht immer gezielt gezüchtet. Es gab auch Zufälle, die dennoch entscheidend für die Entstehung der Sennenhunde waren. Dem Richter Albert Heim gefiel auf einer Hunde- und Viehzuchtausstellung ein großer, sehr kurzhaariger Hund. Er sprach den Halter darauf an und bezeichnete den Hund als großen, schweizer Sennenhund. Der Richter ermahnte, den Hund gut zu behandeln und seine Linie weiter zu führen.

Pumi

Bichon Frisé

Hunde und Corona

In dieser Zeit beschäftigt uns leider das Thema Corona viel zu oft. Diese schlimme Krankheit verändert das Leben, die Arbeits- und Freizeitwelt in unseren eigentlich modernen Zeiten. Grund genug, Wege zu suchen, etwas gegen die Krankheit zu tun. Manchmal sind diese Wege auch ungewöhnlich und neu.

Im österreichischen Bundesheer wird die Suche nach Corona-Infizierten mit einem Spürhund getestet. Erste Erfolge zeigen, dass es möglich ist. Aber das Training ist aufwendig und langwierig. Möglicherweise sind die Hunde erst einsatzbereit, wenn die Corona-Krise überwunden ist.

In Wien ist der Spürhund Fantasy mit seinem Hundeführer dabei, spezielle Corona-Proben zu suchen. In fünf Gläsern sind Mundnasenschutz-Masken vorhanden. Eine dieser Masken ist mit positiven SARS-CoV-2-Viren versehen. Die Maske wurde von einem Menschen getragen, der positiv auf das Covid-Virus getestet wurde. Der belgische Schäferhund kriecht auf seinem Bauch von Glas zu Glas und findet in kurzer Zeit die positive Probe. Er gibt seinem Hundeführer ein Zeichen.

Der Versuch zeigt, dass Coronaviren durch Hunde erschnüffelt werden können. Ein Spürhund kann, mit entsprechendem Training, Personen „erriechen“, die an dem Virus erkrankt sind. Dabei ist den Wissenschaftlern noch nicht ganz klar, was der Hund eigentlich erschnüffelt. Das Virus wurde vor dem Ausstellen mit einer starken UV-Bestrahlung unschädlich gemacht. Es besteht also keine Gefahr für den Hund, den Hundeführer und evtl. anwesende Wissenschaftler, Militärs oder Pressemitarbeiter.

Ein zweiter Hund wurde Ende 2020 in das Training mit aufgenommen. Dabei handelt es sich um einen Hund der Rasse Rottweiler. Im Jahr 2021 werden zwei weitere Hunde trainiert. Bereits im März soll der Versuch abgeschlossen sein und es sollen klare, verwendbare Ergebnisse vorliegen.

Auch in Deutschland werden beim Bundesheer Spürhunde eingesetzt, um in einem Feldversuch Coronaviren zu finden. Laut Angaben der Militärpresse liegt die bisherige Trefferquote bei 80%. Ein Hund kann in kurzer Zeit 200 bis 250 Proben prüfen.

Es gab zuvor schon Tests, bei denen Hunde eingesetzt wurden, um Malariakranke zu erschnüffeln. Ebenso ist bekannt, dass gut ausgebildete Spürhunde eine Unterzuckerung bei Diabetes-Erkrankten durch ihren scharfen Geruchssinn bemerken. Positive Unterstützung gibt es von dem Forschungsinstitut London School of Hygiene & Tropical Medicine in Großbritannien.

Laut verschiedenen Quellen können Hunde zwar an Corona erkranken, das Virus aber nicht an den Menschen weitergeben. Bei Haustieren treten Coronaviren auf, die aus anderen Virenstämmen zusammengesetzt sind. Es sind keine „Humanerreger" und daher sind diese nicht auf den Menschen übertragbar. Bei Hunden kommen zwei Typen von Coronaviren vor. Einer tritt bei Welpen auf und führt zu schweren Durchfallbeschwerden. Ein weiterer

Coronaerreger löst sehr starke Atemwegsinfektionen aus. In beiden Fällen ist ein Besuch beim Tierarzt dringend notwendig.

In China hat man in Tierversuchen nachgewiesen, dass der menschliche Coronaerreger nicht auf Hunde übertragen werden kann. Das bedeutet, dass sowohl eine Erkrankung mit einem Coronaerreger nicht vom Hund auf den Menschen und auch nicht umgekehrt vom Menschen auf den Hund springen kann. Aber: Hauskatzen und in Zoos, Tierparks und Safariparks lebende Großkatzen können wahrscheinlich eine Coronainfektion auf den Menschen übertragen. Im „Bronx-Zoo" in New York gilt es als wahrscheinlich, dass Tierpfleger über den Kontakt zu den Großkatzen im Zoo infiziert wurden. Einen 100 prozentigen wissenschaftlichen Beweis gibt es jedoch nicht. Aber – wer hat schon Kontakt in seiner Freizeit und seinem Arbeitsleben mit Panthern, Tigern oder Löwen?

Briard (Berger de Brie)

American Staffordshire Terrier

Differenzierungshunde in der DDR

Differenzierungshunde sind spezielle Spürhunde, die in der DDR ausgebildet und eingesetzt wurden. Unter 100 verschiedenen Duftproben konnten die Hunde, meist Deutsche Schäferhunde, eine bestimmte herausfinden. Die Gerüche waren auf Stofflappen aufgebracht, die wiederum in verschlossenen Gläsern aufbewahrt wurden.

Zu Beginn der 1970er-Jahre nahm die Volkspolizei der DDR von verdächtigen Personen Geruchsproben. Dabei wurden diese heimlich genommen, ohne dass die jeweiligen Personen dies überhaupt bemerkten. Auf einen speziellen Stuhl wurde ein geruchsneutraler Stofflappen gelegt. Die Personen nahmen Platz und wurden von einem Polizisten befragt. Der Stofflappen nahm den Geruch der Person auf und wurde anschließend in einem Glas verwahrt. Der Stuhl wurde jedes Mal mit 50 Grad heißem Wasser gewaschen, um so alle Geruchsstoffe zu entfernen.

Das Gespräch mit dem Polizisten dauerte eine halbe Stunde oder länger. Diese Zeit war notwendig, damit der Stoff, auf dem der Befragte saß, den Geruch gut aufnehmen konnte. Auf diese Weise wurden auch Geruchsproben von Kriminellen genommen und mehrere Jahre aufbewahrt.

Das Ministerium für Staatssicherheit (auch bekannt als „Stasi") übernahm das System der Geruchsdifferenzierung und den Einsatz der darauf trainierten Hunde. Man versuchte, die Absender von verdächtigen Briefen durch die Aufnahme des Geruches durch den Hund und den Vergleich mit den vorhandenen Geruchsproben in den verschlossenen Gläsern herauszufinden. Die Stasi legte sogar ein eigenes, spezielles Geruchsarchiv mit Stoffproben verdächtiger Personen an.

In der DDR durften Geruchsproben, auch wenn sie erkannt wurden und Hunde die dazugehörenden Personen herausfanden, nicht in Strafprozessen verwendet werden. Geruchsproben waren als Beweismittel nicht zulässig. Man verwendete sie jedoch, um die Anzahl der Verdächtigen in einem Kriminalfall zu verkleinern.

Die Idee war jedoch nicht in der DDR entwickelt worden. Das Identifizieren von sogenannten Körpergeruchsproben wurde 1919 von der nationalen Schule für Spürhunde in den Niederlanden entwickelt. Während man in der DDR wohl dieses Verfahren aufnahm und weiterentwickelte, wurde in der DDR 1970 mit Stofftüchern gearbeitet und die Niederlande übernahm dies 10 Jahre später für ihre Polizeihunde.

Bernhardiner oder St. Bernhardshund

Scottish Terrier

Hunde im römischen Reich

Im römischen Reich waren bei den Adligen kleine Hunde sehr begehrt. Schoßhündchen, wie wir sie heute kennen, gab es schon früh. Man mochte die Tiere als Freund des Menschen, als kleiner Begleiter und zum Streicheln und Liebhaben. Die Hunderassen mögen den heutigen Mops und Pekinesen sehr ähnlich gewesen sein. Sie wurden vor allem von Adligen und reichen Geschäftsleuten gehalten.

Alte Texte und Grafiken belegen die Schoßhunde. Römische Schriftsteller, wie Plinius der Ältere und Claudio Eliano, haben Schoßhunde in ihren Texten erwähnt. Sie sprachen davon, dass die kleinen Vierbeiner bei der städtischen Elite sehr begehrt waren. Es wurden sogar Grabinschriften entdeckt, in denen Hunde erwähnt wurden.

In Spanien stießen Archäologen auf Überreste von kleinen Hunden in römischen Siedlungen und Städten. Nach den Analysen der Knochenfunde haben die Wissenschaftler herausgefunden, dass die Hunde wohl nach Spanien über Händler gelangt sind. Sie wurden nicht vor Ort gezüchtet.

Deutsch Kurzhaar

Boerboel (auch Bauernhund)

Die „Molosser" von Alexander dem Großen

Der Molosser ist ein alte Hunderasse, die es heute nicht mehr gibt. Es ist ein großer und sehr kraftvoller Hund. Alexander der Große hat solche Hunde auf Feldzügen mitgeführt. Wichtig ist, dass diese großen, imposanten Hunde keine Kampfhunde waren. Es waren Kriegshunde, die Lager und Ausrüstung oder auch Wachtürme bewachten und wenn sich Feinde näherten oder die Hunde eine Gefahr witterten, Alarm schlugen. Sie waren effektiver und aufmerksamer, als jeder Wachsoldat es sein konnte.

Die Molosser tauchen in antiken Schriften bei Aristoteles, Homer und Columella auf. Sie waren in ihrer Zeit bekannt. Plutarch beschreibt diese Hunde. Bei Äsop tauchen sie in Fabeln auf.

Als die Römer in Großbritannien landeten, machten sie Bekanntschaft mit sehr großen Hunden. Die „breitmauligen Hunde Britanniens" waren den Molossern überlegen und wurden aus diesem Grund mit ihnen gekreuzt.

Bedlington Terrier

Petit Brabançon (Kleiner Brabanter oder Brabanter Griffon)

Hunde bei den Ägyptern

Der Hund „Abutiu“ war einer der ersten Haushunde, dessen Name die Geschichte überdauert hat. Er lebte um 2504 – 2216 vor Christus an der Seite eines ägyptischen Pharaos und erhielt, nach seinem Tod, ein eigenes Grab in Gizeh. Archäologen und Ägyptologen entdeckten dieses Grab im Jahre 1936. Dabei fanden Sie einen Grabstein mit der Inschrift des Hundes.

Abutiu gehörte wohl zu einer Hunderasse, die heutigen Windhunden glich. Diese „Tjesem“-Hunde waren sehr bekannt und beliebt im alten Ägypten. In Ägypten gab es neun verschiedene Windhundearten. Jede dieser Hunderassen wurde einer ägyptischen Gottheit zugeordnet und erhielt einen entsprechenden Namen.

In Grabkammern fand man oft Darstellungen von Windhunden. Sie wurden als Jagdhunde, Haus- und Hofhunde verwendet. Die Tjesem-Hunde wurden von antiken Seefahrern nach Europa und Asien gebracht. Man vermutet, dass sie die Vorfahren heutiger Windhunderassen sind.
Die ägyptischen Könige erhielten Jagdhunde auch als Tributzahlungen von anderen Herrschern. Verbreitet waren in Ägypten auch viele Pariahunde. Das waren wildlebende Hunde, die in der Nähe der Menschen lebten. Pariahunde wurden nicht gefüttert oder gezüchtet. Sie waren zu den Zeiten des alten Ägyptens recht verbreitet.

Verbreitet in Ägypten waren auch Hunde, die dem heutigen Dackel sehr ähnlich sahen. In der berühmten Ausgrabungsstätte Abydos fand man Knochen dieser

Hunde. Andere Hundearten kamen über den Kontakt zu den Nachbarvölkern, den Kriegen, die die Ägypter führten, aber auch über Handelskontakte in das Land. So zum Beispiel über Nubien aus Zentralafrika, Libyen und dem sagenumwobenen, nicht mehr vorhandenen Reich Punt.

Hunde waren im alten Ägypten so beliebt, dass Sie nicht nur in die Gräber ihrer verstorbenen Herren mitgegeben wurden, sondern oft auch eigene Gräber erhielten. Je nach Epoche gab es verschiedene Praktiken. Manchmal wurde der Hund dem Pharao oder reichen Mann mit in das Grab gegeben, manchmal wurde er nahe des Verstorbenen beerdigt oder er erhielt ein eigenes Grab. Hunde, die begraben wurden, wurden mumifiziert. In den Grabkammern oder auf Gedenktafeln wurden die Namen der Hunde vermerkt. Man glaubte im alten Ägypten, dass mit dem Namen auf einer Inschrift ein ewiges Leben im Jenseits möglich wäre.

Forscher nehmen an, dass die alten Ägypter ein anderes Bild von Hunden hatten, als wir das zu unserer Zeit haben. Es gibt keine Darstellungen von Hunden, die mit Kindern spielen. Der Hund war dem Herrn vorbehalten und diente nur ihm als Jagd- und Haushund. Der Hund hatte unterwürfig und gehorsam zu sein.

Freilebende Hunde waren im alten Ägypten ein echtes Stadtproblem und Ärgernis. Es gab in den Städten viele wildlebende Straßenhunde. Ein Offizier berichtete davon, dass er jedes Mal, wenn er einen Krug Bier trinken ging, von 200 großen Hunden und 300 Schakalen belagert wurde. Man nimmt an, dass aufgrund seines Biergenusses diese Beschreibung „ein ganz klein wenig“

übertrieben wurde. Der Offizier besaß selbst einen Wachhund, der seinen Hof und sein Haus bewachte.

Rottweiler

Laika

Was ist eine Rassenliste

Hunde, die als gefährlich betrachtet werden, werden auf einer Rassenliste geführt. Jeder in einer solchen Liste eingetragene Hund wird als „Listenhund“ bezeichnet. Manchmal verwendet man auch den Begriff „Anlagenhund“. Für das Halten der in der Rassenliste geführten Hunde gelten bestimmte Auflagen. Dabei gibt es je nach Land und Bundesland (bzw. Kanton) Unterschiede. Oftmals sind Hundeführerscheine, Sachkundenachweise, Führungszeugnisse und weitere Nachweise zu erbringen. Manchmal muss der Hund auch einen „Wesenstest“ absolvieren und zeigen, dass er gut erzogen und ungefährlich ist. Manchmal ist die Haltung auch verboten oder es müssen Sondererlaubnisse beantragt werden.

Halter müssen Sonderregeln beachten. Dazu gehört die Pflicht des Hundes, einen Maulkorb zu tragen. Der Hund darf nicht frei herumlaufen (Leinenzwang). Die Hunde müssen gechippt werden und manchmal ist es auch vorgeschrieben, die Tiere unfruchtbar zu machen.

In Deutschland muss der Halter eines Listenhundes mit einem sauberen polizeilichen Führungszeugnis beweisen, dass er einen gefährlichen Hund halten kann. Der Hund darf nicht auf öffentlichen Festen, auf Spielplätzen und in Freibädern gezeigt werden. In Hessen und Thüringen muss mit einem „Vorsicht Hund"-Schild an der Wohnung oder dem Grundstück auf einen Listenhund aufmerksam gemacht werden.

In der Regel ist für einen Listenhund eine sehr hohe Hundesteuer zu zahlen. Der Wesenstest, der in einigen Bundesländern vorgeschrieben ist, ist nicht genormt. Daher kann er, je nach Bundesland und Prüfer, zu einem Maulkorbzwang oder einer Maulkorbbefreiung führen. Das hängt oft von den Einstellungen der Prüfungskommission zu Listenhunden und den zuvor erstellen Testbedingungen ab.

Im April 2001 wurde in Deutschland das „Gesetz zur Bekämpfung gefährlicher Hunde" erlassen und die Einfuhr und Zucht der Listenhunde verboten. Drei Jahre später kippte nach einer Verfassungsklage das Bundesverfassungsgericht Teile des Gesetzes. Das Importverbot blieb bestehen, das Verbot der Haltung und Zucht jedoch nicht. Das Bundesverfassungsgericht gab aber bekannt, dass derartige Regelungen Ländersache wären.

Langhaar Dackel (auch Dachshund)

Italienisches Windspiel

Der Hundeführerschein

Der Hundeführerschein ist ein Dokument, das nachweist, dass der Besitzer die nötigen Kenntnisse hat, um Hunde artgerecht zu halten und sie im Alltag kontrollieren zu können. Mit dem Nachweis wird auch vermittelt, dass der Hund des Halters für andere Menschen keine Gefahr darstellt. Zum Hundeführerschein gehört das Ablegen einer praktischen Prüfung. Ein theoretischer Teil kann, muss aber nicht abgelegt werden. Er wird als „Sachkundenachweis" bezeichnet.

Leider gibt es in Deutschland keine einheitlichen Regelungen für den Inhalt der zu vermittelnden Regeln und das Aussehen der praktischen Prüfung. Jedes Bundesland verfügt über eigene Hundegesetze. Darüber hinaus kann der Halter einen Hundeführerschein von einem der Verbände und Vereine, die für Hundezüchter interessant sind, erhalten, ebenso wie von der Interessengemeinschaft unabhängiger Hundeschulen und der Tierärztlichen Arbeitsgemeinschaft für Hundehaltung. Um es noch etwas komplizierter zu machen, muss der Hundehalter in seinem Heimat-Bundesland sich erkundigen, welche Hundeführerscheine und Sekundärnachweise anerkannt werden und welche nicht.

Ein Hundeführerschein und ein Sekundärnachweis ist nur notwendig, wenn ein als Listenhund eingestufter Hund gehalten werden soll. Eine Ausnahme ist das Bundesland Niedersachsen. Seit 2013 gilt hier für jeden Hundehalter vor dem Anschaffen eines Hundes, dass er einen Sachkundenachweis ablegen muss. Man muss hier also erst einen Kurs besuchen und eine theoretische Prüfung bestehen und kann sich dann einen Hund anschaffen. Der praktische Prüfungsteil ist ebenso Pflicht und muss innerhalb eines Jahres nach der Theorieprüfung erfolgen.

In der Schweiz war für Hundehalter ab 2010 der Besitz eines Hundeführerscheins Pflicht. Im Jahr 2016 wurde diese Regelung wieder abgeschafft. In Frankreich muss seit 2007 für das Halten für Wach- und Kampfhunde ein Hundeführerschein abgelegt werden.

In Österreich geht man einen Schritt weiter. Ein Hundeführerschein ist bei einigen Listenhunden Pflicht. Halter, die einen solchen ablegen, auch wenn Sie keinen als gefährlich eingestuften Hund halten, werden für ein Jahr von der Hundesteuer befreit.

Kuvasz

Deutsche Dogge

Gesetze, Vorschriften und schräge Amtsregeln

Die Landeshundegesetze regeln die Pflichten der Hundehalter in Deutschland. In jedem Bundesland gibt es ein eigenes Gesetz. Für das Jahr 2020 haben unsere Politiker ein Gassigesetz geplant. Damit möchte unsere Regierung den Tierschutz verbessern. Laut diesem neuen Gesetz „muss" jeder Hund zwei Mal pro Tag Gassi gehen und eine Stunde ausgeführt werden. Im Gesetz soll auch die Kettenhaltung und die Ausstellung überzüchteter Tiere verboten werden.

In Deutschland gilt für das Halten von Hunden kein einheitliches Gesetz. Vielmehr müssen sich die Halter an einer Vielzahl von Gesetzen orientieren. Es sind das Bundesgesetz, die Landeshundegesetze und verschiedene Verordnungen zu beachten. Einzuhalten ist ebenso das Tierschutzgesetz und das Hundetierschutzgesetz. Und da sicher bei diesem Durcheinander von Gesetzen und Verordnungen jeder Halter noch den Durchblick bewahrt, kann er sich mit einer Tierschutzversicherung und einer

Hundehalterhaftpflichtversicherung schützen. Nehmen Sie einmal einen Hund im Taxi mit, müssen Sie auf das Personenbeförderungsgesetz achten. Wenn Sie Urlaub mit Ihrem treuen Gefährten machen wollen, müssen Sie natürlich auf die Landesgesetze des Urlaubsortes achten. In Südtirol gilt es dann, auf das „Dekret des Landeshauptmanns vom 8. Juli 2013, Nr. 191, Durchführungsverordnung im Bereich Schutz der Tierwelt“ zu achten. Einfach ist das nicht immer.

Leonberger

Fila Brasileiro

Gesetze und Vorschriften für Hundehalter

Schauen wir uns einmal in anderen Ländern um. Auch in Australien gibt es ein Gesetz, das Gassi gehen mit dem Hund vorschreibt. Hier wird jedoch scharf kontrolliert und wenn der Halter nicht seinen Pflichten nachkommt und das Tier nur im Haus hält, zahlt er eine Strafe von 3.000 Euro. Wer Hundekämpfe veranstaltet oder daran teilnimmt, muss mit einer Geldstrafe von 30.000 Euro oder einer Gefängnisstrafe von 3 Jahren rechnen. Das Gesetz gilt derzeit nur in der Hauptstadt Canberra. In Australien soll ein Gesetz verabschiedet werden, das die Gefühle der Hunde berücksichtigt. Sie werden als lebende, fühlende und auch schmerzempfindliche Lebewesen anerkannt. Damit ist Australien das erste

Land auf unserem Globus, das dem Hund Rechte zuspricht und seine Stellung als empfindsames Lebewesen anerkennt.

Auch in den USA werden Tierquäler bestraft. Hier drohen sieben Jahre Haft für jemanden, der gegen das Tierschutzgesetz verstößt. Das Tierschutzgesetz selbst gilt landesweit und wurde durch Obama verabschiedet. Präsident Trump hat, mag man über ihn denken, was man will, das Tierschutzgesetz weiterentwickelt und im Jahre 2019 das „Gesetz zur Verhinderung von Tierquälerei und Folter“ unterzeichnet. Auch in Deutschland wird das Quälen von Tieren sehr streng bestraft und mit einer Geldbuße von bis zu 25.000 Euro oder einer Gefängnisstrafe von 2 – 3 Jahren belegt. Hier gilt es als schwere Ordnungswidrigkeit.

Bordeauxdogge

Wolfsspitz

Kuriose Gesetze in aller Welt

Auf unserer Welt gibt es nicht nur Gesetze, die den Tierschutz regeln und Menschen bestrafen, die Tiere quälen und eigentlich niemals in die Nähe eines Hundes und Haustieres gelassen werden dürften. Es gibt auch viele sehr schräge und witzige Gesetze, bei denen man sich überlegen muss, was die Menschen sich dabei gedacht haben, als sie diese entworfen und beschlossen haben.

Wenn Sie nachts in Dallas mit Ihrem Hund spazieren gehen, müssen Sie den Vierbeiner mit einem roten Rücklicht ausstatten. So wird er besser gesehen. In Ohio ist Hundebellen eine Ruhestörung. Es gilt, dieses unartige Verhalten abzustellen. Damit dies gelingt, dürfen in dem amerikanischen Bundesstaat die Polizisten die Hunde beißen und sie so erziehen. Ob der Hund dann zu bellen aufhört, ist nicht bekannt. Auch in Arkansas gilt eine strenge Nachtruhe. Ab 18.00 Uhr abends bis früh um 6.00 Uhr ist bellen streng verboten. Hunde spielen gern in Gruppen. Das ist aber nicht überall so einfach möglich. Wenn sich in Oklahoma mehr als drei Hunde im Freien treffen wollen, muss ein Antrag gestellt werden. Der Gruppenspaß ist nur erlaubt, wenn der Bürgermeister unterschrieben hat. Manchmal ist auch die Ernährung des Vierbeiners in einem Gesetz geregelt. So ist es in Chicago streng verboten, seinen Hund mit Whisky zu füttern. Hier fragt man sich, warum es dieses Gesetz gibt. Hat das zuvor wirklich jemand gemacht? Den Menschen in Kentucky ist ihr Auto wichtig. Per Gesetz ist es Hunden verboten, einen Pkw zu begatten. Wenn Sie in Delaware den Hund ausführen und noch Ihre Frau oder Freundin dabeihaben, dürfen Sie nicht Händchen halten. Ohne Hund ist es aber erlaubt. Der Sinn hinter diesem Gesetz ist nicht zu verstehen.

In Connecticut dürfen Hunde nicht tätowiert werden. In einigen Bundesländern der USA war es wohl üblich, den Vierbeinern mit einer Tätowierung für Hunde ein besonderes Markenzeichen zu geben und sie so besser wiederzufinden, wenn Sie einmal ausgebüchst waren. In Wisconsin sollten Sie beim Parkspaziergang den Hund an der Leine führen. Hier ist es streng verboten, dass Hunde ein Eichhörnchen belästigen. Was unter einer Belästigung eines Eichhörnchens durch einen Hund zu verstehen ist, ist im Gesetz nicht näher beschrieben. Das liegt wohl dann in der Betrachtungsweise der Ordnungshüter.

Auch außerhalb der USA finden sich Länder, in denen es Gesetze gibt, die einen zum Kopfschütteln bringen. In Turin (Italien) müssen Sie Ihrem Hund drei Mal am Tag ausführen. Wenn Sie dem nicht nachkommen und der Hund zu wenig Bewegung bekommt, können Sie mit einer Geldstrafe von 500 Euro belegt werden. Anders ist es in Shanghai. Hier dürfen Sie den Hund nicht rauslassen. Auf Straßen, Gehwegen und in Parks sind Hunde nicht erlaubt. Wenn Sie Ihren Hund zum Tierarzt bringen wollen, müssen Sie zuvor eine Ausnahmegenehmigung beantragen. Wie große Hunde in der Wohnung genug Bewegung bekommen, können wir leider nicht beantworten. In Schweden geht es den Hunden richtig gut. In „Hundekitas“ werden die Vierbeiner umsorgt. Wie eine solche Einrichtung aussehen muss, ist genau in einem Gesetz beschrieben. Dazu gehört auch, dass für jeden Hund in der Kita ein eigens Fenster vorhanden sein muss. Man, ähm Hund will ja schließlich die frische Luft genießen und nach draußen schauen.

Shar-Pei

Magyar Vizsla
(Kurzhaariger Ungarischer Vorstehhund)

Hunde beim Sport

Das Hundewettrennen ist ja sicher jedem bekannt. Aber es gibt noch viele andere Sportarten, mit denen Hunde ihre Fitness trainieren können und die ihnen vor allem Spaß bringen. Dazu gehören unter anderem Agility, Bikejöring, Canicross, Crossdogging und Caniwandern. Die Namen der Sportarten sind so gewählt, dass Fremde sich darunter kaum was vorstellen können. Beim Agility müssen Hunde einen Parcours mit Hindernissen so schnell wie es möglich überwinden. Sie müssen Hindernisse überspringen, um Stäbe herumlaufen und durch einen Röhrentunnel rennen. Bikejöring erinnert ein wenig an Huskyschlitten. Nur wird hier über ein Zugseil ein Fahrrad gezogen. Der Fahrradfahrer unterstützt den Hund und tritt kräftig in die Pedale. Dadurch kann der Hund die Rennstrecke sehr schnell durchlaufen.

Canicross ist ein Geländelauf. Der Hund und das Herrchen müssen einen Parcours durchlaufen. Dabei ist der Läufer mit seinem Hund fest mit einer Leine verbunden. Beim Caniwandern geht es etwas gemächlicher zu. Hier ist eine Wanderroute mit dem Hund abzulaufen. Auch hier werden Mensch und Hund mit einer Leine verbunden.

Crossdogging ist eine Sportart, die nur von Hundeschulen absolviert wird. Mehrere Schulen nehmen teil. Jede Hundeschule bekommt pro Woche 5 Aufgaben, die sie lösen muss. Interessant ist, dass vorher nicht bekannt ist, welche Aufgaben gelöst werden müssen und dass Techniken aus verschiedenen Hundesportarten vermischt werden. Coursing ist ein bekannter Hundesport. Unter dem fremdartigen Begriff verbirgt sich das klassische Windhunderennen.

Es gibt noch mehr interessante Hundesportarten. Der Diensthunde-Biathlon ist nur für Hunde und deren Hundeführer gedacht, die bei der Polizei zum Einsatz kommen. Der Hund muss mit seinem Hundeführer eine Strecke von elf Kilometern ablaufen und verschiedene Aufgaben an einzelnen Stationen lösen. Für Hunde, die nicht im Dienst unseres Landes stehen, gibt es die Alternative: Dog Biathlon. Jagdhunde werden beim Dummytraining geschult und müssen ein Objekt markieren, suchen und einweisen. Es gibt auch für Fährtensuchhunde den Sportart „Fährte“, bei dem eine Spur verfolgt und ein Zielobjekt oder eine Person gefunden werden muss. Dabei gibt es zwei Fährten-Kategorien. Die erste Spur ist 1.200 Schritte lang und die zweite 1.800.

Degillity ist ein Hundesport aus der Physiotherapie. Die Hunde müssen hier eine Strecke ablaufen, Hindernisse überwinden und Aufgaben lösen. Fast schon lustig wirkt dagegen Dogdancing. Der Hundehalter muss sich eine

Choreographie ausdenken und mit dem Hund tanzen. In diesen Tanz sind Tricks und Kombinationsübungen mit eingebunden. Beim Flyball müssen vier Teams, bestehend aus einem Hundeführer und einem Hund, mehrere Hindernisse überwinden und zu einer Ballwurfmaschine gelangen. Der Ball muss vom Hund apportiert werden und zum Startpunkt zurückgebracht werden.

Für alle aktiven Hunde und Hundebesitzer gibt es in Deutschland natürlich auch zahlreiche Hundesportvereine. Immerhin gibt es 176 solcher Vereine in Deutschland mit über 650.000 Mitgliedern.

Englische Bulldogge

Welsh Corgi Pembroke

Verbotene Hundesportarten und Praktiken

Nicht alle Hundesportarten sind erlaubt und zugelassen. Mondioring ist laut einigen Fachmedien beliebt, wird in Deutschland aber vom VDH abgelehnt. Gesetzlich verboten ist es allerdings nicht. Beim Mondioring muss eine Zielperson sich mit dicken Polstern schützen und der Hund muss diese Zielperson stellen. Man spricht daher auch von einer Schutzhundesportart.

Einige Trainer haben Hunde mit Stromschlägen zu mehr

Leistung angetrieben. Diese Praktik ist verboten. Nicht erlaubt sind auch das Verwenden von Würgehalsbändern und Stachelhalsbändern.

Stachelhalsbänder mit nach außen gerichteten Stacheln werden übrigens bei Hütehunden in der Türkei verwendet. Wenn der Hund einen Wolf stellt und mit diesem kämpft, wird mit diesem Halsband dafür gesorgt, dass der Hund nicht in den Hals gebissen werden kann.

Australian Shepherd

Basset Hound

Rekorde, die Hunde auf der ganzen Welt halten

Hunde halten jede Menge Rekorde. Natürlich gibt es den größten und den kleinsten Hund. Der kleinste Hund ist ein Chihuahua mit einer Schulterhöhe von nur 9,6 Zentimetern. Daneben wirkt der größte Hund der Welt mit seinen 2,30 Meter Schulterhöhe wie ein echter Riese. Freddy, so heißt der Hund, ist eine deutsche Dogge und ist in England beheimatet. Der Hund hält auch den Rekord des schwersten Hundes. Er wiegt ganze 90 Kilo.

Beim „World's Ugliest Dog Contest" wird jedes Jahr in Kalifornien der hässlichste Hund gekürt. Im Jahre 2012 konnte den Preis Yoda, ein Chihuahua-Mischling gewinnen. In Coventry in England wird der schönste Hund gewählt. Diesen Preis gewann Elisabeth, eine Lhasa-Apso-Hündin.

Greyhound ist ein Windhund, der als schnellster Hund der Welt gilt und es auf eine Spitzengeschwindigkeit von 70 km/h bringt. Da kann Herrchen nicht mehr mithalten. Bluey aus Australien gilt als ältester Hund der Welt. Der Hund von der Rasse der Cattle Dog wurde 29 Jahre alt. Ein stattliches Alter für einen Hund. Der Wildhund „Äthiopischer Wolf“ zählt als seltenster Hund der Welt. Er ist kein Haustier und lebt nur in den Gebirgen Äthiopiens. Der mächtigste Hund der Welt ist natürlich Bo. Sein Herrchen ist Barack Obama.

Neben diesen gibt es einige sehr ungewöhnliche Leistungen, von denen es einige auch in das Guinness Buch der Rekorde geschafft haben. Die Hündin Mary Jane, die auf der britischen Insel Isle of Man lebt, brachte im Jahre 2004 ganze 21 Welpen zur Welt. Leider überlebten davon nur 14. Aber auch das sind sehr viele kleine, putzige und sehr wilde Welpen.

Eine Tibetdogge ist wohl der teuerste Hund der Welt. Ein Mann aus China wünschte sich einen solchen Hund und bezahlte dafür 1,1 Millionen Euro. Ein Windhund schafft bei einem Weitsprung 9,14 Meter. Ein Schäferhund aus Deutschland schaffte beeindruckende 5,13 Meter.

Striker, ein Collie, hält einen ungewöhnlichen Rekord. Wird er im Auto eingeschlossen, braucht er 13 Sekunden um das Autofenster zu öffnen und ins Freie zu gelangen.

Abbie Girl aus San Diego hält ebenso einen ungewöhnlichen Rekord inne. Sie stellte bei einem Surfwettbewerb den Rekord für die längste von einem Hund gesurfte Welle auf. Abbie Girl ritt auf ihrem Surfbrett eine 107,2 Meter lange Welle entlang. Finley der Golden Retriever aus Ontario, kann sechs Tennisbälle in seiner Schnauze apportieren. Der Golden Retriever Armstrong aus Kalifornien hält einen sehr schönen und beeindruckenden Rekord. Er gilt als der erste Hund, der bei einer Unterzuckerung eines Diabetes-Patienten die Veränderung im Blut riechen kann. Er rettete seinem Herrchen 2003 das Leben und war ein Grund dafür, dass man in der USA 2004 die Organisation „Dogs for Diabetes“ gründete und Hunde speziell auf diese Fähigkeit und dem Einsatz am Diabetes-Patienten trainiert.

Cavalier King Charles Spaniel

Labrador Retriever

Hunde, die Leben retten

Hunde sind bei der Bergwacht im Einsatz und finden von Lawinen begrabene Ski-Fahrer. Sie suchen auch nach Verschütteten in Erdbebengebieten. So ist es nicht verwunderlich, dass es viele erstaunliche Geschichten gibt, in denen Hunde aktiv das Leben von Menschen und sogar Tieren gerettet haben.

Ein Hund sprang in England beherzt ins Wasser, um eine in Not geratene Katze zu retten. Die Katze war in einen Brunnen gelangt und strampelte wild um sich. Die Kante war zu hoch und das Tier konnte nicht aus dem Wasser. Der Hund sprang in das kalte Nass und schwamm zur Katze. Diese krabbelte auf seinen Rücken und verließ so den Brunnen.

Hunter, ein Kangal, sprang in Garching in einen Fluss und half einem achtjährigen Mädchen, ans Ufer zu gelangen. Das Mädchen war beim Spielen von der Uferböschung eines Flusses abgerutscht und in das Wasser gefallen. Der Besitzer des Hundes zog sich noch Pullover und Hose aus, um das Kind zu retten, da sprang sein Hund schon ins Wasser und zog das Mädchen an das rettende Ufer.

Die Geschichte von Norman, einem Labrador Retriever aus Oregon, ist sehr herzergreifend. Die Besitzerin lief mit ihrem Hund immer am Fluss Necanium entlang. Der Hund erkrankte an Retinaatrophie. Bei dieser Krankheit stirbt die Netzhaut des Tieres langsam ab und der Hund erblindet. Frauchen hielt weiter zu ihrem Tier. Er hatte ein wunderbar schönes und behütetes zu Hause. Im Jahr 1996 war die Flut, die vom Pazifik in den Fluss drückte, besonders stark und der Necanium führte ein gefährliches Hochwasser. Dennoch badeten viele in dem Fluss. Norman hörte wohl mit seinem sehr guten Hundegehör die Schreie eines in Not geratenen Mädchens. Der Hund sprang ins Wasser. Doch Norman war blind und konnte das Kind nicht ausmachen. Der Hund wusste nicht, in welche Richtung er schwimmen sollte. Frauchen rief dem Mädchen zu, sie solle den Hund rufen. Das Kind rief dem Hund. Dieser schwamm in die richtige Richtung und das Mädchen hielt sich am Hundehalsband fest. Die Rufe von Frauchen dirigierten Norman zum Ufer. Eine erstaunliche Geschichte. Lisa, das gerettete Mädchen hat sich sogar später mit einem Lied in einen YouTube-Video bei dem Vierbeiner bedankt.

Tosco rettete in Metzingen einem älteren Mann das Leben. Die Frau war im Sommer in ihrer Mittagspause zu einem Spaziergang aufgebrochen. Ihr Hund Tosco war wie immer dabei. Plötzlich rannte der Hund los zum Dickicht und bellte aufgeregt. Ein Mann war bei der Sommerhitze zusammengebrochen und eine Böschung heruntergestürzt. Durch das Dickicht war der Mann nicht zu sehen. Er konnte sich nicht mehr verständlich machen. Die Frau alarmierte sofort den Rettungsdienst. Der alte Mann konnte gerettet werden und das nur, weil Tosco ihn bemerkt hatte.

Auch die Geschichte von Peanuts ist sehr herzergreifend. Der Hund geriet zuerst selbst in Not. Er wurde von seinem Besitzer getreten und geschlagen und kam mit zwei gebrochenen Beinen, gebrochenen Rippen und einem Magen voll Teppichstücken in einer Tiernotstation an. Die Mitarbeiter der Station Delta

Animal Shelter päppelten das Tier auf. Es fand einen neuen Besitzer. Acht Monate, nachdem der Hund aus der Tiernotstation entlassen wurde, traf ein Brief ein. Darin berichtete die Besitzerin davon, dass an einem Tag die Hündin aufgeregt durch die Wohnung gelaufen war und immerfort gebellt hatte. Die Besitzer ließen die Hündin nach draußen. Diese rannte auf ein Feld zu und macht mit Bellen auf sich aufmerksam. Die beiden Herrchen fanden ein dreijähriges Mädchen, das nackt im Feld lag und stark zitterte. Das Kind war aus seinem Zuhause ausgerissen. Die Familie rief die Polizei und das Kind wurde gerettet. Es wurde später nicht ganz geklärt, wie das Mädchen auf das Feld gelangt war. Aber ohne Peanuts hätte sie nicht überlebt.

Balko aus Schwentinental rettete gleich zwei Menschen das Leben. Der Hovowart bellte frühmorgens Herrchen und Frauchen an und machte beide wach. Die Heizung im Haus war defekt und im ganzen Haus hatten sich gefährliche Kohlenmonoxidgase verbreitet. Rauchwolken waren im ganzen Haus verteilt. Der ausgebildete Spürhund bemerkte dies und weckte seine beiden Besitzer. Hätte er dies nicht getan, wären die beiden wohl eingeschlafen und gestorben.

In Huston (Texas) warf sich der Pyrenäenberghund Zero in die Schussbahn eines Angreifers und rettete seine Familie. Bei einer Geburtstagsfeier der 13 jährigen Tochter drang ein schwer bewaffneter Jugendlicher in das Haus ein und bedrohte die Familie. Der Schütze gab acht Schüsse im Haus ab, verletzte dabei aber nur die Frau, den Sohn und die Tochter, die ihren Geburtstag feierte, leicht. Zero setzte sich für seine Familie ein und sprang den Angreifer an. Der Hund biss den jungen

Schützen in den Arm und wurde dabei durch drei Schüsse verletzt. Der Täter wurde festgenommen. Zero war leider so schwer verletzt, dass er Stunden später an seinen Verletzungen starb.

Diese Geschichte ist noch viel herzergreifender, wenn man erfährt, dass die Familie den Hund zuvor aufgenommen hatte. Jemand hatte den 3-jährigen Hund an einer Autobahn ausgesetzt. Mit gebrochenen Knöcheln, stark verschmutzt und unterernährt nahm die Familie Martinez den Hund mit. Der Tierarzt meinte, da wäre nichts zu machen und bot, ihnen an, das Tier einzuschläfern. Doch die Martinez wollten nicht aufgeben, nahmen Zero mit und päppelten ihn gesund. Er wurde zu einem Freund und treuen Begleiter, der Jahre später für die Familie einstand und dafür leider mit seinen Leben bezahlen musste.

In Sankt Petersburg (Russland) machte Jack, ein Russel Terrier, plötzlich sein Herrchen durch aufgeregtes An-der-Leine-ziehen auf etwas aufmerksam. Der Hund hatte im Gebüsch etwas bemerkt. Der Besitzer wollte seinen Hund zur Vernunft bringen. Doch das Tier ließ sich nicht abbringen und zerrte so stark an der Leine, dass das Herrchen ihm in Richtung eines Gebüsches folgen musste. Im Gebüsch lang, nur in ein T-Shirt eingewickelt, ein neugeborenes Baby. Die Mutter wollte es nicht und hatte es hier abgelegt. Der Rentner, dem Jack gehörte, informierte sofort einen Rettungswagen. Der Arzt sagte, dass dies gerade noch rechtzeitig gewesen war. Das Baby war stark unterkühlt. Nur dank Jack, dem Russel Terrier, lebt es heute noch und kann sein gerade begonnenes Leben auskosten.

Eine etwas andere Rettung gab es in der Dominikanischen Republik. Der Besitzer hatte gegen die Ausgangssperre verstoßen. Auch hier waren die Corona-Lockdown-Regeln streng. Herrchen musste mit auf die Wache. Ihm drohte ein hohes Bussgeld oder sogar ein Aufenthalt im Gefängnis. Der Terrier war noch draußen auf der Straße, als die Beamten sein Herrchen mitnahmen. Es dauerte wohl zu lange. Der Hund vermisste den Mann und folgte ihm auf die Polizeiwache. Hier gelangte er hinein, fand sein Herrchen, sprang ihn an und schaute ihn flehentlich an. Der Wachtmeister und alle Polizisten auf der Wache fanden diese Szene so rührend, dass sie den Mann ohne Strafe nach Hause schickten. Er wurde sozusagen „seinem Begleiter übergeben".

Rhodesian Ridgeback

Englische Cocker Spaniel

Hunde, die Tiere gerettet haben

Es gibt viele Geschichten, in denen Hunde Menschen gerettet haben. Leider auch ein paar, die traurig endeten. Der Hund ist nicht nur ein Vierbeiniger und treuer Freund des Menschen, sondern auch ein beherztes Tier das instinktiv Gefahren erspürt, auf solche aufmerksam macht und eingreift.

Einige Hunde haben nicht nur Menschen gerettet. Auch Tieren in Not wurden durch unsere vierbeinige Freunde geholfen. In Long Island in Now York war Storm mit seinem Herrchen unterwegs. Ein Rehkitz war zu nah an die Uferböschung gekommen und in den Fluss gefallen. Das Kitz kämpfte um sein Leben und wäre wohl ertrunken, wenn nicht Storm in das Wasser gesprungen wäre und das Rehkitz ans Ufer gezogen hätte. Das Video wurde ein Hit auf Facebook. Und die Hundebäckerei in New York war so gerührt, dass sie extra für Storm einen großen Korb mit allerlei Knabbereien an den Hund verschenkte.

In Bremerhaven hatte jemand ein Geschenk nicht für gut befunden und achtlos irgendwo im Freien abgestellt. Der Rüde machte beim Spazierengehen durch Bellen und starkes Ziehen an der Leine auf etwas aufmerksam. Die 65 jährige Rentnerin fand in einem Loch, zugedeckt mit Ästen und Laub, einen Käfig mit drei kleinen Meerschweinchen. Im Käfig war weder Wasser noch Nahrung. Die Tiere wurden ausgesetzt und wären verhungert, hätte der Hund sie nicht erspürt.

Eine wunderschöne Geschichte passierte im November 2020. Der Beginn war leider weit weniger schön. Die türkische Stadt Izmir wurde von einem schweren Erdbeben erschüttert. Ein K9-Rettungsteam aus Deutschland suchte in den Trümmern nach Überlebenden. Zur Einsatzstaffel gehörte auch der ausgebildete Suchhund Bob. 29 Stunden nach dem Ausbruch des Erdbebens fand Bob eine Spur in den Trümmern und folgte ihr. Er fand ein junges Kätzchen. Die Rettungskräfte holten das Tier aus den Trümmern und tauften es „Umut“. Das türkische Wort für

Hoffnung war passend für das süße, noch etwas ängstliche Tier. Für die Rettungskräfte war es selbstverständlich, die Katze zu bergen. Das Team sagte: „Für uns ist jedes Leben wichtig." Der Besitzer der Katze wartete bereits voll Sorge auf sein Haustier. Er erfuhr von der Rettung und dem neuen Namen, den das Kätzchen natürlich behalten durfte.
Der Koolie Bear ist in Australien jeden Tag im Rettungseinsatz. Buschbrände haben die Heimat der Koalas und vieler anderer Tiere zerstört. Rettungsteams versuchen die Tiere zu bergen und in Auffangstationen unterzubringen. Doch Koalas sind nicht immer leicht zu finden. Bear jedoch hat den richtigen Riecher und ein feines Gehör und macht die kleinen Bärchen aus. So können sie aus der Zone mit der verbrannten Erde, wo sie keine Nahrung mehr finden, weggebracht werden. Bear bekommt dafür kleine Stiefel auf die Pfoten gezogen, damit er sich an der mancherorts noch warmen Erde nicht verbrennt und dann sucht er. Auf diese Weise hat er bereits mehr als 100 Koalas gefunden und das Leben der kleinen Teddys gerettet.

Basenji (auch Kongo-Terrier)

Sheltie (Shetland Sheepdog)

Wenn Hunde in Not geraten

Nicht nur Menschen und Haustiere geraten in Not und werden von Hunden gerettet. Es kommt auch recht oft vor, dass Hunde selbst in Not geraten. Einige der ungewöhnlichsten und berührendsten Geschichten habe ich für Sie zusammengestellt.

Bei der Suche im Internet nach „Hunde in Not" stößt man zunächst auf Vereine, die sich der Aufnahme von ausgesetzten Hunden annehmen. Tierheime werden über solche Vereine finanziert. Oftmals stecken auch Privatpersonen mit einem großen Herz für Vierbeine hinter den Vereinen. Sehr oft werden Hunde auch aus ärmeren Regionen nach Deutschland vermittelt. Hier wird sehr darauf geachtet, dass sich Halter finden, die zum Hund passen und die Rasse kennen. Viele Hunde brauchen Bewegung und manche auch einen Zwinger, einen Haushalt ohne andere Tiere und jemanden, der bereits Erfahrung beim Umgang mit Hunden hat. Es ist sehr schön, dass sich überall auf der Welt Liebhaber finden und den besten Freund des Menschen pflegen, sich um ihn kümmern und für sie die richtigen Herrchen und Frauchen finden.

In einigen Ländern, wie zum Beispiel Griechenland und Ungarn, werden Hunde oft ausgesetzt und leben auf sich gestellt in der Wildnis. Sie kämpfen jeden Tag um Nahrung und ihr Weiterleben. Auch hier gibt es Tierschutzorganisationen, Vereine und private Personen, die helfen. Ein Hund ist eben kein Geschenk für ein Kind oder einen Freund, wenn nicht wirklich ein Interesse besteht und Erfahrung im Umgang mit den Tieren vorhanden ist.

Manche Geschichten sind herzergreifend und brutal und wirken manchmal auch unrealistisch und unglaublich. Doch es gibt Menschen auf unserer Welt, denen das Herz für Tiere fehlt und die ohne Sinn und Verstand handeln. Zum Glück sind diese nur selten vertreten und gerät ein Hund in Not, ist oft ein Retter mit Herz in der Nähe.

Im Jahre 2020 kam es zu einem schier unglaublichen Vorfall in Oregon (USA). Ein Mann konnte sich mit seinem Hund nicht anfreunden und war offenbar alles andere als ein lieber, freundlicher Hundefreund. Er hielt mit seinem Auto auf einer Autobahnbrücke, hob seinen Hund aus dem Auto und warf das Tier von der Brücke. April befand sich in einem Fahrzeug hinter dem Täter. Die Frau und ihre Tochter sahen zu, wie vor ihr ein anderes Auto hielt, jemand ausstieg, den schweren Hund aus dem Auto hob, ihn zum Rand der Brücke brachte, ihn über die Absperrung hob und dann los lies. Die Frau und ihre Tochter waren geschockt und machten sich sofort auf, nach dem Hund zu sehen. April war in mehrfacher Hinsicht besonders gerührt. Sie arbeitete in einer Tierklink und war jeden Tag mit kranken und verletzten Tieren umgeben. Sie wusste, wie wichtig es war, den Tieren zu helfen, ihre Gesundheit und ihr Leben zu erhalten. Doch es gab noch einen anderen Grund: Vor einem Jahr hatte ihre eigene Tochter versucht, sich das Leben zu nehmen. Mutter und Tochter wollten den Hund retten. Aufgeben war keine Option. In der Tierklinik zeigte sich, dass Hank, so tauften sie das Tier, keine inneren Bluten und zum Glück auch keine schweren Verletzungen hatte. Einige Knochenbrüche und Bänderrisse waren vorhanden, aber das war kurierbar. Dank vielen Geldspenden waren die

Operationen bezahlbar gewesen. Das lag auch an den Medienberichten in den USA und den Berichten auf Facebook. Es fanden sich viele Menschen mit Herz, die etwas für das Tier spendeten. Und heute ist Hank ein glücklicher und gesunder Hund, der in einem behüteten Zuhause lebt.

In Morganton (USA) stießen mehrere Mountainbiker auf einer Rundfahrt auf einen in Not geratenen Hund. Der Hund war im Pisgah-Nationalpark auf dem Sinkhol-Trail beim Herumtollen vom Weg abgekommen und in ein 9 Meter tiefes Loch gefallen. Es gab keine Möglichkeit, zu dem Tier zu kommen oder ihn mit technischen Hilfsmitteln zu bergen. Die findigen Biker haben versucht, den Hund mit Hackfleischstückchen aus dem Loch zu retten. Er war unterernährt, unterkühlt und dehydriert. Die Leckerchen lockten den Hund und sorgten dafür, dass er alle Kräfte zusammennahm und aus dem Loch den Bikern entgegen kletterte. Mit einem Gurt holten sie ihn schließlich ganz nach oben. Natürlich gab es Wasser, mehrere Hackfleischstückchen und Streicheleinheiten. Leider konnte später in einer Tierklinik der Besitzer des Tieres nicht festgestellt werden. Der Hund trug weder eine Marke, ein Halsband, noch einen Chip. Dank der Fahrradfahrer hat er seine Freiheit wiedergewonnen. Im 9-Meter-Loch hätte er allein nicht mehr lange überlebt.

In Werdohl-Ütterlingsen (südöstlich von Dortmund) war ein Ehepaar in Sorge um den Terrier Diego. Das Tier war seit vier Tagen verschwunden. Sie benachrichtigten die Feuerwehr. Aber auch die hatte zunächst keine Spur des Tieres. Das Firmengelände eines Klärwerkes, Wiesen und Waldstücke wurden abgesucht. In den sozialen

Medien wurden Nachrichten und die bitte um Hilfe abgesetzt. Aber es gab keine Spur. Erst am vierten Tag deuteten Meldungen daraufhin, dass der Hund in einem Waldstück in einen Dachsbau geraten war und dort feststeckte. Bei einer Suche von Hundefreunden stieß man an einem Hang auf Geräusche, die auf einen Hund hindeuteten. Stecke das Tier in einem Dachsbau? Ein solcher Bau konnte zehn Meter weit und bis zu fünf Meter tief in den Hang führen. Die Feuerwehr wurde benachrichtigt. Die Männer stellten tatsächlich fest, dass der Hund in dem Bau eines Dachses gefangen war. Er steckte fest und konnte aus eigener Kraft nicht mehr herauskommen. Die Feuerwehr grub einen Weg und führte eine Kamera in den Bau hinein, die das technische Hilfswerk zur Verfügung stellte. Nach einigen Metern stieß diese auf zwei dunkle Augen, die ängstlich auf das Objektiv schauten. Das Bild war aber nicht wirklich gut und so war man sich nicht sicher, ob es sich um einen Dachs, einen Hund oder ein anderes Tier handelte. Nun hieß es, graben. Zwei weitere Feuerwehrtrupps aus dem benachbarten Kleinhammer und aus Brüningshaus verstärkten viereinhalb Stunden später die Gruppe vor Ort. Mehrere Zugänge wurden gegraben. Ein weiterer Löschzug einer freiwilligen Feuerwehr der Umgebung traf eine Stunde später mit ein und brachte eine moderne Kamera mit einem 60 Zentimeter-langen Leitrohr mit. Diese Kamera lieferte gegen Mitternacht ein klares Bild und zeigte einen ängstlichen Terrier, der im Dachsbau steckte und sich nicht vor und nicht zurück traute. Diegos Herrchen erkannte seinen Hund und lockte ihn mit sanftem Zurufen aus dem Bau. Diego war gerettet.

Im Juni 2020 trat in Japan ein neues Tierschutzgesetz in Kraft. Damit wurden die Rechte von Hunden gestärkt und es wurde auch dafür gesorgt, dass Halter sich an gesetzliche Bestimmungen halten mussten. Die Gesundheit und das Wohl der Tiere lag auch Japans Regierung am Herzen. Bereits im gleichen Monat retteten Ordnungsbeamte und Tierschützer im Westjapanischen Shimane 164 Hunde. Die Tiere wurden nicht etwa einzeln gerettet. Vielmehr hatte ein Besitzer nicht genügend Geld für die Haltung und Ernährung der Hunde und ließ all diese 164 Hunde frei in einem großen Hochaus laufen. Die Tiere waren unterernährt, verängstigt und teilweise auch sehr ungepflegt. Der Besitzer wehrte sich nicht und stimmte zu, dass die Ordnungsbeamten die Hunde übernahmen und in einem Tierheim unterbrachten.

Eine Mischlingshündin büchste in Weimar ihrer Besitzerin aus und brachte sich bei ihrem Erkundungsdrang selbst in große Gefahr. Sie lief auf die Autobahn A 9 und spazierte auf dem Mittelstreifen entlang. Eine Autofahrerin alarmierte die Autobahnpolizei. Nach einer kurzen Sperrung wurde der Hund ohne große Probleme in das Auto der Polizeibeamten gelockt und auf das Revier gebracht. Hier konnte sich das Tier über etwas Wasser und ein paar Leckerlis freuen. Der Hund war zum Glück gechippt. Die Daten der Besitzerin wurden ausgelesen. Die Frau wurde angerufen und war am Telefon sichtlich erleichtert, dass ihr Vierbeiner gefunden worden war. Sie kam so schnell es eben ging in die Polizeistation und nahm ihren Hund in Empfang. Bei dieser Rettungsaktion war zum Glück nichts passiert.

Im Landkreis Landshut dagegen konnte nur das beherzte Eingreifen eines Tierarztes das Leben eines Hundes retten. Der Besitzer ging mit seinen Vierbeiner spazieren. Offensichtlich fand das Tier etwas Leckeres und fraß es auf. Kurz danach musste sich der Hund übergeben und schien sichtlich angeschlagen zu sein. Der Besitzer brachte seinen Hund sofort zu einem Tierarzt. Dieser stellte eine Vergiftung mit Rattengift fest. Die Polizei wurde benachrichtigt und fand am Landshuter Pfarrgarten mehrere ausgelegte Giftköder. Offensichtlich hatte ein Hundefeind es auf Vierbeiner abgesehen. Die Köder wurden entfernt. Der Tierarzt half dem Hund und konnte Schlimmeres verhindern.

Im polnischen Sulwalki mussten Polizeibeamte und Rettungskräfte einen Mischlingshund auf sehr ungewöhnliche Weise retten. Das Tier lebte wild und frei und hatte sich nichtsahnend nahe einer Baustelle auf den warmen, frisch auf die Straße aufgebrachten Teer gesetzt. Der Teer war noch warm und geriet in das Fell des Tieres. Der Hund klebte förmlich an der Straße fest und musste von den Rettungskräften mit Speiseöl und mehreren Scheren freigeschnitten werden. In einer Tierklinik wurde der Hund gesäubert. Er hatte zum Glück keine ernstzunehmenden Verletzungen davongetragen. Aber leider gab es auch kein Herrchen oder Frauchen. So fand der Hund in einem Tierheim ein Zuhause.

In einem Moor nahe Osnabrück kam es zu einer ungewöhnlichen Rettungsaktion, die beinahe schiefgegangen wäre. Ein älterer Mann versuchte seinen Hund aus dem Moor zu retten und geriet dabei selbst in Gefahr. Er versank und konnte sich nicht befreien. Zum Glück war ein Handy in Reichweite und es gab auch einen guten Empfang. Er verständigte die

Rettungskräfte, konnte aber seine Position nicht beschreiben. Auch eine Ortung des Gerätes war nicht möglich. Die Rettungskräfte fuhren in das nahe Moor und suchten mit dem Auto die Zugänge ab. Zum Glück konnte sich der Hund befreien, kam den Rettungskräften entgegen und führte sie zu dem feststeckenden Mann. So konnte er befreit werden und es kam nicht zu einem Unglück.
In Rheingrafen beim Besuch einer Bergruine war der Hund einer Besitzerin etwas zu abenteuerlustig. Er stürzte in eine zwanzig Meter tiefe Schlucht und konnte diese aus eigener Kraft nicht mehr verlassen. Die Besitzerin alarmierte die Rettungskräfte. Ein Mann wurde mit einer Seilwinde zu dem Hund hinabgelassen. Unten angekommen wurde der Hund in eine Bergungstasche gebunden und nach oben auf die Brücke der Ruine gezogen. Die 13 Rettungskräfte, die zwei Stunden an dem Einsatz beteiligt waren und die Besitzerin staunten nicht schlecht, als sie den Labrador vorsichtig untersuchten und feststellten, dass er keine Verletzungen davongetragen hatte. Offensichtlich hatte das Gebüsch des schrägen Berghangs den Sturz abgefedert. Es gab auch am Hang keine Felsen. Der Hund und das Frauchen waren mit dem Schrecken davongekommen. So viel Glück muss man erst einmal haben.

Akita (auch Akita-inu)

Samojede

Hunde in Filmen und Serien

Kommissar Rex kennt ja jeder. Ebenso Lassi, die 101 Dalmatiner, Beethoven und den „Hund mit der kalten Schnauze“. Hatchiko ist auch sehr bekannt. Das hat man vor allem dem US-Schauspieler Richard Gere zu verdanken. Die Geschichte hinter diesem Film ist sehr berührend. Im November 1923 wurde der zur Rasse Akito gehörende Hatchiko in Odate (Japan) geboren. Sein Herrchen war ein Professor, der den Hund jeden Tag mit an die Uni nahm. Nach den Vorlesungen gingen beide den Weg nach Hause. Bereits zwei Jahre nachdem Hatchiko das Licht der Welt erblickte, erlitt sein Herrchen Hirnblutungen und litt viele Jahre an dieser Krankheit. Der Hund wurde zu Verwandten gegeben.

Hatchiko büchste aus und lief jeden Tag zum Bahnhof, um auf sein Herrchen zu warten und den Mann nach Hause zu begleiten. 10 Jahre später starb der Professor an den Folgen der immer wieder auftretenden Krankheit. Hatchiko lief auch danach noch jeden Tag zum Bahnhof, um auf den Professor zu warten. Doch dieser kam nicht mehr. 3 Jahre lang empfand man den jeden Tag auf dem Bahnhof der kleinen Stadt wartenden Hund als Störung. Dann nahm sich ein neuer Bahnhofsvorsteher den Vierbeiner an und richtete ihm auf dem Bahnhof eine ruhige Ecke ein mit einer kuschligen Decke und einem eigenen Fress- und Wassernapf. Als man etwas später herausfand, dass Hatchiko einer von nur 10 reinrassigen Akito-Hunden in Japan war, ging seine Geschichte in den Medien herum.

1934 errichtete man eine bronzene Statue auf dem Bahnhof. Als diese eingeweiht wurde, waren selbstverständlich Hatchiko und sein Freund, der Bahnhofsvorsteher, dabei. Ein Jahr später starb der Hund. Er wurde später präpariert und steht noch heute im Nationalmuseum Japans.

Aufgrund der Bronze-Knappheit wurde die Statue von Hatchiko im zweiten Weltkrieg eingeschmolzen und 1948 vom Schöpfer der Originalstatue neu erschaffen. Eine weitere Statue steht in Tokio und gilt als einer der beliebtesten Treffpunkte der Metropole. Es gibt sogar eine Buslinie „Hachikō bus". Alle vier Busse dieser Linie sind mit Bildern des Akito geschmückt. Zum 80. Geburtstag wurde eine weitere Statue errichtet. Sie zeigt Hatchiko und den von der Uni zurückkehrenden Professor. Diese Statue steht vor der Universität in Tokio. Noch heute steht der Name des Hundes „Hatchiko" für lebenslange, ehrliche Treue und bindende Freundschaft.

In älteren Filmen war Rin Tin Tin ein Hund, der viele Rollen bekam. Es gab 30 Filme mit dem Schäferhund, der viele Abenteuer bestehen musste. Natürlich darf man bei den berühmten Film- und Serienhunden Snoopy nicht vergessen. Die Geschichten sind immer wunderbar leicht und bringen Freude und gute Laune. Der Yorkshire-Terrier Daisy begleitete den Modezaren Rudolph Mooshamer auf Schritt und Tritt. Barry war ein Lawinenhund, der mehr als 40 Menschen in Lawinen aufspürte und ihnen das Leben rettete. Auf Bildern erscheint der große Bernhardiner immer mit einem Fässchen um den Hals. Ob diese Überlieferung tatsächlich stimmte, ist nicht bekannt. Einer der letzten Menschen, den Barry in einer Schneelawine aufspürte, soll den Hund in seiner Panik und Angst für einen Wolf

gehalten haben. Er hat ihn angegriffen und so schwer verletzt, dass der Bernhardiner verstarb. Im Naturhistorischen Museum in Bern kann man Barry noch heute bestaunen. In Paris wurde auf dem Hundefriedhof ein Denkmal errichtet. Walt Disney nahm sich der Geschichte an und verfilmte sie.
Bo ist der Hund von Barack Obama. Herr Obama musste seinen Töchtern versprechen, dass wenn er die Präsidentenwahl im Amerika gewinnen würde, der Hund in die Familie aufgenommen werden würde. Und so war es dann auch. Bo ist noch heute ein wichtiges Mitglied der Obama-Familie.

Rico trat 1999 bei „Wetten dass?" auf. Der Border-Collie konnte 77 Begriffe dem richtigen Spielzeug zuordnen. Später brachte er es sogar auf 270 Begriffe. Der Hund war erstaunlich intelligent und wurde im Max Planck-Institut für evolutionäre Anthropologie untersucht. Dort fand man heraus, dass der Border-Collie über ein erstaunliches abstraktes Gedächtnis verfügte und so Begriffe den jeweiligen Objekten zuordnen konnte.

Tinkerbell war der Hund von Paris Hilton. Der Chihuahua begleitete die Hotelerbin zu jeder Reality-Show und zu jedem Fernsehinterview. Bei so mancher Gala war der Hund an der Seite und lief ebenso über den roten Teppich.

Einer der berühmtesten Hunde unserer Zeit war wohl Laika. Am 3. November 1957 durfte die russische Mischlingshündin als Besatzungsmitglied einer russischen Rakete die Erde verlassen und einmal die Umlaufbahn um die Erde abfliegen. Sie war Passagier in einer russischen Weltraumkapsel und ein wichtiges

Mitglied der Mission „Sputnik 2". Leider verstarb Laika zwei Stunden nach dem Start. Sie wurde mit einer Briefmarke geehrt und ist auf der Liste der russischen tödlich verunglückten Astronauten aufgelistet.

Chow-Chow

Mops

Ein Dokumentarfilm, der das Leben der Hunde verbessern sollte

Pedigree Dogs Exposed kam in Deutschland unter dem Titel „Rassereine Krüppel" heraus. Der Film zeigt, wie einige Rassehunde gezüchtet werden und dass es hier nicht mehr um Tierschutz geht. Die Überbetonung von Rassestandards wird im Film kritisiert und die Zuchtpraktiken und Zuchtvorschriften offengelegt. Gezeigt wird auch, wie Gesundheitsschäden bei Hunden akzeptiert werden, nur damit dieser auf einer Hundeausstellung seine besonderen Merkmale zeigen kann.

In Folge des Filmes sprangen Sponsoren ab und unterstützten einige Vereine und Hundeausstellungen in Großbritannien nicht mehr. Die Übertragung der Veranstaltungen wurde aus dem britischen Fernsehprogramm gestrichen.

Der britische Kennel Club leugnete zunächst, dass Hunde sich aufgrund von Zuchtmethoden Krankheiten zuzogen und legte Beschwerde bei der Medienaufsicht ein. Es wurden diverse Standards und Zuchtvorschriften geändert. Das britische Unterhaus gab drei einzelne Untersuchungen zu Tierschutz bei Hunden, der Gesundheit und den Krankheiten infolge von Zuchtmethoden in Auftrag. Die Ergebnisse besagten, dass einige Zuchtpraktiken mit einem modernen Tierschutz nicht mehr vereinbar seien. Neben diesem Ergebnis wurden Maßnahmen erarbeitet, die die Gesundheit der Hunde positiv beeinflussen sollten. Diese Maßnahmen wurden dem Kennel Club vorgelegt und mussten umgesetzt werden.

Xoloitzcuintle (Mexikanischer Nackthund)

Collie

Wundervolle Geschichten, die nicht so bekannt sind

In den Streaming-Portalen finden Sie oft einige weniger bekannte Filme mit wundervollen Geschichten, die nicht so bekannt sind. Ein Blick lohnt sich auf jeden Fall. Oft gibt es wahre Geschichten über Hunde-Abenteuer, die es nicht auf die große Leinwand oder zu großem Film-

Weltruhm geschafft haben. Nicht jede Geschichte wird mit Auszeichnungen überschüttet und findet seinen Einzug in die Google-Suche oder bei Wikipedia. Aber bei Letzterem findet man unter „Hundefilme" immerhin 129 verschiedene Filme. Und viele davon kennt man gar nicht.

„Togo: Der Schlittenhund" ist eine spannende Geschichte, die auf ein Ereignis aus dem Jahr 1925 zurückgeht. Der Schlittenhundetrainer Leonard Seppala muss mit seinem Togo und einem Schlitten einen weiten Weg durch das eisige Alaska zurücklegen, um für sein Dorf ein wichtiges Medikament zu besorgen. Der bekannte Darsteller William Defoe spielt den Trainer. Nur weil die beiden eng zusammenhalten und sich gegenseitig helfen, können Sie die 1.000 Kilometer lange Strecke, die niedrigen Temperaturen und einen heftigen Sturm überstehen Die Geschichte ist ein klassischer, sehr unterhaltsamer Abenteuerfilm. Anschauen lohnt sich. Aber Disney hat die Geschichte etwas verändert. So ist das nun einmal beim Film.

Leonard Sappala hat tatsächlich gelebt. Der in Norwegen 1877 geborene Mann hat die Zucht von reinrassigen Huskys in Alaska begründet. Das Geld für diese Aufgabe erarbeitete er sich bei der „Pioneer Mining Company" bei der Suche nach Gold. Der Hund Togo gehörte zu einer Hundeschlittenstaffel. Sappala nahm an mehreren Rennen und Touren teil. 1925 ereilte den Ort Nome in Alaska eine schwere Diphtherieepidemie. Die Menschen hatten keine Möglichkeit, an die notwendigen Medikamente zu kommen. Es gab keine passierbaren Straßen und nicht wie heute die Möglichkeit, mit Hubschraubern oder Flugzeugen weit entfernte Gebiete zu erreichen. Die Stadt Nome rief daher den „Serum Run to Nome“ aus, eine Schlittenhundestaffel, die das Ziel hatte, das Serum zu holen und in die Stadt zu bringen. 20 sogenannte „Musher“, das sind Schlittenhundeführer mit ihren Gespannen und Hunden, nahmen an dem Wettbewerb teil. Innerhalb von fünfeinhalb Tagen galt es 1085 Kilometer zurückzulegen. Das Wetter machte dieses Unterfangen noch schwieriger. Ein schwerer Sturm zog durch Alaska.

Nome war damals die größte Stadt in Alaska. 20.000 Menschen lebten hier. Die Zeit der „Buschpiloten“ begann erst. Die ersten Flugzeuge waren nicht kältefest. Bei Temperaturen um -20 Grad und Sturmböen konnten sie nicht fliegen. Noch wurde die Stadt über Hundeschlitten versorgt. Für die Versorgung der Menschen mit dem nötigen Serum waren aber enorme Frachtmengen zu transportieren. 1,1 Millionen Einheiten des Serums stellten Krankenhäuser von der Westküste der USA bereit und 300.000 weitere kamen aus Anchorage, der Hauptstadt Alaskas. Ohne das Serum lag die Sterberate der Erkrankten bei 100%. Die Ansteckungsrate war enorm hoch.

Mit Togo als Leithund brachte Sappala das notwendige Medikament in die Gemeinde und rettete damit vielen Menschen das Leben. Das ist die Geschichte, die man in dem Film mit William Defoe miterleben kann. 1932 bei den Olympischen Spielen in Lake Placid nahm Sappala an einem Demonstrationswettbewerb im Hundeschlitten-rennen teil. Er schaffte es auf den zweiten Platz. Die Lieferung des Serums erfolgte in mehreren Etappen. Zwei Mal wurde eine solche Tour unternommen. Heute basiert das Hundeschlittenrennen

„ITIDAROD“ auf dieser Geschichte. Darauf komme ich an späterer Stelle noch einmal zurück.
Der 1913 in Little Creek (Alaska) geborene Husky Togo zählt heute als wichtigster Vorfahre der Hunderasse Siberian Husky. Er legte mit Sappala und seinem Hundeschlitten viele Meilen in Eis und Schnee zurück. Die enge Bindung der beiden beruhte auf der Tatsache, dass der Hund sich zunächst als Welpe kaum zähmen ließ und lieber seinen Spieltrieb und seiner Abenteuerlust folgte. Doch Sappala gab nicht auf und wurde dafür mit einer lebenslangen Treue von Togo belohnt. Nur so konnten beide den langen Weg zurücklegen. Heute ehrt ein Denkmal in der kleinen Stadt Nome den Husky und das, was er und sein Hundeführer erreichten.
Filme mit Schlittenhunden gibt es viele. Und diese sind oft sehr spannend, spielen in einer wundervollen verschneiten Natur und zeigen immer wieder, dass die enge Bindung von Hund und Mensch, die tiefe Freundschaft und die Loyalität beider jedes Abenteuer mit Leichtigkeit bestehen lässt. So finden Sie natürlich den „Ruf der Wildnis“ nach Jack London als Film vor. Neben dem Klassiker gibt es auch eine Neuverfilmung mit Harrison Ford, die ich Ihnen wärmstens ans Herz legen möchte. Schon allein die wundervollen Naturaufnahmen, die etwas moderner interpretierte, spannende Geschichte und der treue Hund sind es wert. „Snow Dogs“ ist eher ein lockerer Familienfilm mit einem netten Hauptdarsteller und gleich einer ganzen Gruppe von Huskys. Dagegen ist „Iron Will – Der Wille zum Sieg“ ein waschechter Sportfilm. Ein junger Mann will mit seinem Leithund und seinem Schlittenhundegespann den schweren Iron Trail bezwingen und das Wettrennen gewinnen. Eigentlich hat er keine Chance. Der Junge ist ein Außenseiter. Sein

Vater war vor kurzem gestorben und er braucht dringend das Preisgeld. Das Wetter und die enorm starken und erfahrenen anderen Hundeführer machen ihm das Unterfangen schwer. Einen ähnlichen Film gibt es auch mit dem viel zu früh verstorbenen US-Schauspieler Paul Walker. In „Antarctica – Gefangen im Eis“ geht es auch um ein Schlittenhunderennen und den Kampf gegen die Natur.

Wenn Sie Kindern einmal eine Freude machen wollen oder auch selbst einmal entspannen möchten und einfach einen schönen Film mit einer zauberhaften Geschichte genießen wollen, dann stöbern Sie bei den Streaming-Sendern etwas herum. Gerade die älteren Filme zeigen den Hund als Abenteurer, als treuen Weggefährten, als sportlich und immer wieder als besten Freund. Oft sind in älteren Filmen auch Lehren versteckt, die man Kindern beibringen möchte. In „Benji – Sein größtes Abenteuer“ durchstreift ein Hund die Natur. Nach einem Bootsunfall im Norden Amerikas ist er allein und auf sich gestellt. Doch dann lernt er einige Pumajungen kennen und erkundet an ihrer Seite die Wälder. Ein klassischer Natur-Abenteuerfilm. „Zurück nach Hause – Eine unglaubliche Reise“ ist ein vielleicht nicht so realistischer Disney-Film, der aber noch heute Kinder zu unterhalten weiss. Ein Bulldoggen-Welpe, eine Perserkatze und ein Golden Retriever werden von ihrem Besitzer weit entfernt bei Freunden untergebracht. Daraufhin machen sich diese tierischen Freunde auf eine abenteuerliche Reise, die es so nur in einen Disney-Film geben kann. Die Geschichte wurde übrigens mehrfach neu verfilmt. Es gibt auch ältere Versionen, wobei die drei tierischen Freunde immer der gleichen Art angehören. Setzen Sie Kinder einmal bei dieser

Geschichte vor den Fernseher und die Kleinen werden begeistert sein. Das ist auch um einiges besser als Digimon und lila Bären in modernen Kindertrickfilmen.

„So frei wie der Wind“ ist die Verfilmung von Jack Londons „Wolfsblut“. Ein Jäger beobachtet in den Wäldern von Kanada wie eine Wölfin von Wilderern angeschossen wird. Das schwer verwundete Tier kehrt in seine Höhle zurück, wo eine Handvoll junge Welpen auf die Wölfin warten. Einer davon wird später der berühmte Wolfsblut.

Die Geschichte um „Wolfsblut“ wurde sehr oft verfilmt. Eine der älteren Verfilmungen mit Franco Nero und Raimund Harmstorf ist sehr gelungen, aber auch berührend und tragisch. Es gibt übrigens auch einen Teil 2, der „Das Tal der wilden Wölfe“ heisst und ein echter, klassischer Abenteuerfilm ist. Weitere Verfilmungen gibt es mit Terrence Hill und Bud Spencer, mit Rutger Hauer und Charlton Heston. Es gibt keinen offiziellen Rekord, aber der Roman von Jack London mag wohl der am häufigsten verfilmte Roman um einen Hund bzw. Wolf sein. Ich muss hier „bzw.“ schreiben, da es in einigen Filmen ein Wolf ist, in vielen aber ein Schäferhund. Manchmal übernimmt die Titelrolle auch ein Hund einer anderen Rasse. Immer geht es aber um Freundschaft, Abenteuer und eine tolle Freundschaft zwischen einem Mann oder Jungen und einem Hund (oder Wolf).

Einen ähnlich klingenden Filmtitel, der aber ganz und gar nichts mit Jack London´s Geschichte zu tun hat, möchte ich Ihnen vorstellen. „Wolfsbrüder“ ist die Geschichte des siebenjährigen Marco, der von seinem Vater an einen reichen Großgrundbesitzer verkauft wird. Der Junge muss allein in den Bergen der Sierra Morena Ziegen hüten. Ein alter Ziegenhirte und ein Wolf werden seine einzigen Freunde. Nur durch sie lernt er die Wildnis kennen und erfährt, wie man in dieser überlebt.

Einen nicht so bekannten Film möchte ich Ihnen noch ans Herz legen. „Greyfriars Bobby – Die wahre Geschichte eines Hundes“ erzählt die Geschichte des Terriers Bobby und des Schäfers Old Jock. Die in Schottland spielende Geschichte gehört zum Kulturgut des Landes. Der Hund begleitet den alten Mann durch Edinburgh und durch die schottischen Graslandschaften. Seine Freundschaft bleibt auch bestehen, als Old Jock stirbt. Man verehrt in Schottland den Terrier als einen treuen Helden und Freund. Vor einem Pub in Edinburgh findet man ein großes Denkmal des Terriers.

Disney hat die Geschichte etwas verändert. In Wirklichkeit war Bobbys Herrchen ein Polizist. Nur zwei Jahre verbrachten beide miteinander in Edinburgh. Dann starb der Mann. Doch Bobby liebte sein Herrchen so sehr, dass er sein weiteres Leben am Grab des Polizisten verbrachte und nur nach dem Schuss der Mittagskanone diesen Platz verließ, um zum Coffee House zu gehen und einen reich gefüllten Teller frisches Hundefutter zu sich zu nehmen. Als Bobby mit 16 Jahren starb, beerdigte man ihn heimlich auf den Friedhof der Stadt in der Nähe seines Herrchens. Heimlich geschah dies nur, weil es verboten war, auf diesem Friedhof Tiere zu bestatten. Doch der Bürgermeister und der Stadtrat waren sich einig: Eine Treue in dieser Art, die viele Jahre über den Tod eines Menschen hinausragte, musste belohnt werden. Auch später sollten beide nah beieinanderbleiben. Man sagt, dass diese Geschichte im Laufe der Zeit verändert, beschönigt und ausgeschmückt wurde. Vielleicht ist dies so, vielleicht auch nicht. Doch Bobby hat es wirklich gegeben. Noch heute legen Menschen jeden Tag Blumen an dem Grab von Bobby nieder. Auf dem Grabstein kann man lesen: „Greyfriars Bobby, gestorben am 14. Januar 1872 im Alter von 16 Jahren. Lasst seine Treue und Hingabe uns allen eine Lehre sein. Errichtet vom Schottischen Hundeschutzverein, enthüllt von Seiner Königlichen Hoheit dem Duke von Gloucester am 13. Mai 1881." Wer sich für die Geschichte interessiert, kann in Schottland an einer Führung teilnehmen. Es gibt auch ein Buch mit dem Titel „Bobby, ein Hund den man nicht vergisst" von Eleanor Attkinson. Der Roman wurde damals in schottischer Mundart geschrieben. Im Jahre 2016 hat Frau Heide Schulz dieses Buch übersetzt. Es ist im Internet-Buchhandel zu finden.

Papillon (Kontinentale Zwergspaniel)

English Setter

Wie der Hund zum Film kommt

Wann der erste Hund in einem Film auftrat, ist nicht bekannt. Es gab schon früh Verfilmungen um „Lassie". Charlie Chaplin´s „A dogs life" ist eine berührende Geschichte eines Bettlers und seines Hundes. Der auf der Straße lebende Charlie bestiehlt eine Räuberbande und erhält so das für sich und seinen Hund notwendige Essen. Die Slapstick-Komödie ist an vielen Stellen traurig und ernst.

Wie wird man eigentlich Filmhund? Bringen Sie Ihren Hund einfach zu einer Filmcrew? Sicher nicht. Antwortet man auf eine Anzeige? Eine solche habe ich noch nie gesehen. Funktioniert das wie bei den Castings für Hobby-Schauspieler? So ungefähr.

Ein Filmhund muss sich an Stress und fremde Menschen gewöhnt haben. Eine Filmcrew mit lauter fremden Leuten ist um einen herum. Die Schauspieler sind völlig fremd für den Hund und sollen im Film den besten Freund das Tieres darstellen. Es gibt jede Menge Technik von Scheinwerfern bis zu Kameras, Kamerawagen und was sonst noch so notwendig ist, um die Szenen in den Kasten zu bringen. Der Filmhund muss auf Kommandos reagieren können und darf nicht verspielt wegrennen und die Gegend erkunden.

Möchten Sie Ihren Hund einmal auf der großen Leinwand oder auch als Darsteller in TV-Filmen oder Serien sehen, müssen Sie ihn als Welpe bereits trainieren. Der Hund muss mit dem Stress, den es bei einem Filmset gibt, umgehen können. Hunde sind sehr feinfühlig und reagieren auf ihre Umgebung. Sie müssen ihn an die möglichen Situationen gewöhnen. Eigene kleine Hobbyfilme mit der Familie oder Fotosafaris sind eine willkommene Übungsaufgabe dafür.

Der Hund muss bestimmte Befehle und kleine Kunststückchen beherrschen. Diese müssen „perfekt sitzen". Kleine Sachen wie Pfötchen geben, sich über die Schnauze lecken, neben dem Herrchen gehen, bellen, toter Hund spielen und auch das Beißen in Taschen oder Kleidungsstücke werden manchmal beim Film benötigt.

Wenn diese Vorausbildung geglückt ist, geht es an die Bewerbung. Dazu gibt es tatsächlich so etwas wie ein „Hundecasting" und auch richtige Agenturen, die sich damit beschäftigen. Suchen Sie sich über das Internet eine oder einige Filmtieragenturen und schreiben Sie diese an. Beschreiben Sie Ihren Hund und dessen Können. Alles, was er gelernt hat und jedes Kunststückchen ist wichtig. Legen Sie mehrere Fotos bei.

Nun heißt es warten. Die Filmagentur prüft die Bewerbungen und meldet sich, wenn der Hund ihnen zusagt. Dann werden Sie zu einem Casting vorgeladen und der Hund muss zeigen, was er kann. Hier ist auch ein erster Stresstest gefragt. Schließlich muss er bei einer filmähnlichen Atmosphäre völlig fremden Leuten zeigen, was er kann. Wird die Vorstellung bestanden, wird das Hund in eine Datei aufgenommen. Ob er dann auch wirklich vor der Kamera eingesetzt wird, ist abhängig von den Filmen und Serien, die in Produktion sind und den Hunden, die dafür gebraucht werden. Und natürlich auch den Anforderungen an die Hunde, die sich Produzent, Drehbuchautor und Team vorstellen.

Der Hund muss genau auf die geforderte Rasse, die Optik und die Kunststückchen passen. Dann wird er angefordert und es gibt wie bei den Großen einen Vertrag und ein Honorar.

Manchmal werden Hunde, die vor die Kamera kommen, durch einen erfahrenen Filmtiertrainer geschult. Dabei werden zunächst aus den Datenbanken die zuvor gecasteten Tiere abgefragt und dann trainiert. Der Filmtrainer trainiert verschiedene Tiere genau auf die Anforderungen der Drehbücher und Film- / Serienideen. Hier wird quasi der Hund geschult, den sich bereits ein Drehbuchautor und ein Produzent für eine kommende Rolle vorstellen. So wurde der Rottweiler Bruno 2 Monate vor dem Einsatz im deutschen Kinofilm „Da muss ein Mann durch“ trainiert und vorbereitet.

Wird ein Film oder eine Serienfolge mit Ihrem Hund gedreht, sind Sie als Hundebesitzer in der Regel dabei. Das Tier braucht ja sein Herrchen und soll sich wohl fühlen. Aber – die Produktionsfirma entscheidet auch manchmal einen Dreh ohne Herrchen oder Frauchen durchzuführen. Bei einem Filmdreh heißt es dann für Sie, die Nerven behalten und ruhig bleiben. Wenn Ihr Hund einmal etwas nicht genau so macht, wie sich der Regisseur das vorstellt, muss dieser entscheiden, ob die Szene erneut gedreht wird. Reden Sie ja nicht hinein und gehen Sie nicht zum Hund! Filmleute sind ein sehr eigenes Völkchen.

Cirneco dell' Etna

Cane Corso Italiano

ITIDAROD – das härteste Hundeschlittenrennen der Welt

Der Einsatz der Hundestaffel um von Anchorage weit oben in den Norden Alaskas ein Medikament zu bringen, hat dazu geführt, auf dieser Route (die Schlittenhundeführer sagen „Trail" dazu) eine Rennstrecke aufzubauen. Seit 1973 wird hier einmal im Jahr das „ITIDAROD" abgehalten. Über 1850 Kilometer müssen etwa 75 Teams mit ihren Hunden und Schlitten zurücklegen. Die Entfernung wird von jedem Gespann in 8 bis 15 Tagen bewältigt.

Das Rennen gilt als das längste und härteste Hundeschlittenrennen der Welt. Jeder „Musher" (der Fachbegriff für Schlittenhundeführer) muss Zwangspausen einlegen. Ältester Gewinner ist Mitch Saevey, der mit 57 Jahren erfolgreich teilnahm. Bei ihm hat die Teilnahme schon Familientradition. In den Jahren 2012 bis 2017 gewann er und sein Sohn Dallas abwechselnd das Rennen.

Vor dem eigentlichen Start des Rennens gibt es einen „Zeremonie-Start". Hierbei wird Schnee in Anchorage aufgeschüttet und die Teams starten. Abgefahren wird nur eine Strecke von 30 Kilometern. Einen Tag später ist der offizielle Starttermin. Da ist es bei uns übrigens März.

Das Hundeschlittenrennen startet nicht in Anchorage, sondern in Willow. Im Abstand von 2 Minuten fahren die Schlitten los. Später wird die Zeit bei einem Zwischenstopp gutgeschrieben. Die Strecke ist markiert, aber eisige Winde und Schneefall können die Streckenkennzeichnungen verwischen. Bei – 50 Grad drohen Erfrierungen. Die Fahrer müssen genügend Pausen einlegen und ihre Hunde gut versorgen, damit die Strecke bewältigt werden kann. Schon mancher Musher hat aufgegeben, weil das Wetter zu rau und der Weg zu weit ist. 8 Tage ununterbrochen bei extremen Temperaturen und allein in der Wildnis Alaskas ist nicht für jeden zu schaffen.

Theoretisch kann jeder teilnehmen, der 12 Schlittenhunde und ein Gespann besitzt. Aber der Hundeführer muss sich und seine Hunde während des Trails versorgen. Sie müssen mit den Hunden nach Alaska kommen und wieder zurück. Die Ausrüstung muss den Regeln entsprechen. Zudem muss jeder Musher ein Startgeld von 3.000 $ aufbringen.

Die Gewinner des ITIDAROD kommen aus den Ländern, in denen Schlittenhunderennen sehr aktiv betrieben werden. Neben den USA sind dies Kanada, Norwegen und die Schweiz. Der Name des Hunderennens kommt übrigens von dem Iditarod Trail, einer Schlittenhunderoute, die für die Versorgung von weit entfernten Orten weit oben im Norden Alaskas gedacht war. Dieser wiederum hat seinen Namen von einer Stadt, die es inzwischen lang nicht mehr gibt und die nur noch eine Geisterstadt mit längst verlassenen Gebäuden ist.

Als Schlittenhunde werden Alaska Huskys, Alaskan Malamute und Siberian Huskys eingesetzt. Ab und zu gibt es auch Mischlinge, bei denen eine Abstammung zu einem Wolf besteht. Besonders die Alaskan Malamute sind geeignet, bei der sehr starken Kälte eine lange Strecke zu bewältigen und im Freien zu bleiben. Einige Musher kreuzen Jagdhunde und Schäferhunde in die Züchtungen ein und versuchen so die Ausdauer und Kraft der Hunde zu erhöhen.

Schlittenhunderennen gibt es über kurze oder längere Distanzen. Kürzere Rennstrecken werden von den Schlittenhundesportverbänden, in denen die Hundeführer organisiert sind, erstellt. Bekannte Strecken gibt es in Alaska, Norwegen, der Schweiz, Spanien, Frankreich und in Russland. Die Trans Thüringa ist eine bekannte Hunderennstrecke im Thüringer Wald und gilt als das längste Hunderennen in Mitteleuropa.

Barsoi (Russischer Wolfshund)

Afghanischer Windhund

Wie wird man ein Musher und was tut man dann so?

Ein Musher lenkt einen Hundeschlitten. Er sorgt für seine Tiere, wählt den Leithund aus und züchtet die Hunde. Er trainiert die Hunde und sorgt dafür, dass Sie auf Kommandos hören. In Deutschland sind Hundeschlittenführer über einen Verband organisiert. Dieser Hundeschlittenverband sorgt für eine Kommunikation der Musher untereinander und er organisiert Wettkämpfe, aber auch andere Vereinstreffen.

Um ein Hundeschlittenführer zu werden genügt es nicht, Hunde zu lieben. Sie müssen Platz haben und sich mit Huskys und anderen Hunderassen beschäftigen, die im Hundeschlittengespann eingesetzt werden können. Es gehört auch etwas Geld dazu, den Sport zu finanzieren und alle Hunde zu ernähren. Oft werden die Kinder von Mushern in den Sport und in die Liebe zu den Huskys „hineingeboren".

Beagle

Berger Blanc Suisse

Hundewagen und ähnliche Beförderungsmittel

Etwas abgeleitet vom Hundeschlitten sind die Hundewagen oder auch Dogcarts. Diese auch ohne Schnee einsetzbaren Wagen werden zum Trainieren genutzt. Ein Hund zieht den Wagen, in dem der Musher oder auch Dogcart-Führer sitzt. Es gibt ein besonderes, manchmal gepolstertes Zuggeschirr, dass den Hund mit dem Wagen verbindet.

In Deutschland und insbesondere in der Deutschen Verkehrsvorschrift wird ein Dogcart als „Kutsche" betrachtet. Aus diesem Grund muss hier ein solcher Wagen mit Klingel, Bremse und Beleuchtung ausgestattet sein. Es muss keine Fahrerlaubnis für einen solchen Wagen erworben werden und die Wagen müssen auch nicht zugelassen und geprüft sein. Sie müssen jedoch verkehrssicher sein und bei einer Breite über einen Meter mit Rückstrahlern gesichert werden.

Heute werden Hundewagen nur noch als Freizeitspaß oder zu kleinen Wettkämpfen eingesetzt. Vom Mittelalter bis nach dem zweiten Weltkrieg galten sie tatsächlich als Verkehrsmittel. 1887 musste jeder Hund, der einen solchen Wagen fuhr, eine „Bescheinigung des Königlichen Kreistierarztes" beantragen. Das Tier sollte ja schließlich für den Verkehr fit sein. Lag diese vor, durfte die Ortspolizeibehörde dem Wagenlenker einen Erlaubnisschein ausstellen.

Damals gab es besondere Vorschriften und Strafen. Das Einspanngeschirr musste den Hunden immer noch ermöglichen, sich niederzulegen. Jeder Hundeführer musste Decken für die Hunde und Trinkwasser mitführen. War das Wetter schlecht, musste der Fahrer den Hunden helfen und den Wagen mitziehen. Der Fahrer durfte in so einem Fall nicht im Wagen sitzen. Eine Ausnahme lag vor, wenn der Fahrer eine Behinderung und eine Sondererlaubnis besaß. Diese war aber ungültig, „wenn er auf die Ortschaften geht und sich dort betrinkt, so dass ihn seine Frau damit abholen muss", so die wortwörtliche Vorschrift.

In Alaska gab es ein „Pup-mobile". Auch hierbei handelte es sich um einen Wagen, der durch mehrere Hunde gezogen wurde. Hier jedoch war der Wagen mit Eisenrädern auf Schienen gesetzt. Ziehen mussten die Hunde den Wagen nur auf geraden oder nach oben führenden Strecken. Ging es nach unten, wurden die Tiere mit in den Wagen gesetzt und dieser fuhr allein.

In Frankreich entwickelte man die „Cynophere". Auf einem Wagen mit drei Rädern saß auf einem erhöhten Sitz der Wagenlenker. Links und rechts vom Sitz befanden sich zwei übergroße Laufräder. Jedes Laufrad war für sich genommen eine Konstruktion aus zwei Metallrädern und einer dazwischen liegenden Lauffläche. Auf diesen liefen die Hunde und trieben durch ihre Bewegung die Räder an. 1875 wurde dieser Wagen von M. Huret erfunden und getestet. Das kuriose Gefährt setzte sich aber zum Glück nicht durch. Es gab auch einen Erfinder, der ein Pferdefuhrwerk bauen wollte und die Pferde dafür in einem dem Fahrrad ähnlichen Pedalsystem einspannen wollte. Das gab es aber nur auf dem Papier. Die Cynophere gab es wirklich. Sie wurde aber nie ernst genommen und setzte sich zum Glück nicht durch.

Es gibt einige sehr schöne alte Gemälde, auf denen einfache Leute und Bauern mit einem Hundewagen gezeigt werden. Damals um 1800 – 1900 herum war ein Hundewagen ein Statussymbol. Einen Wagen, das Geschirr und einen Hund oder zwei, die den Wagen zogen, konnte sich nicht jeder Bauer leisten. Es zeigte, dass es den Menschen etwas besser ging. Der Hund musste ja auch ernährt werden. Aus dieser Zeit stammt auch der Ausspruch „auf den Hund gekommen". Im Laufe der Zeit hat sich die Redensart abgewandelt. Heute bedeutet „auf den Hund gekommen", dass jemand abgestiegen ist, es ihm nicht gut geht und er heruntergekommen wirkt. Die Redensart findet auch ihre Anwendung, wenn jemand zu einem Hundefreund wird.

In der heutigen Zeit gibt es einen Hundebuggy. Der Name täuscht, den mit diesem Wagen werden Katzenbabies oder Hundewelpen transportiert. So können Großstädter ihre geliebten Vierbeiner an die gesunde und frische Luft bringen oder sie zum Tierarzt bringen. Die Buggys eignen sich auch dafür, einen kranken Hund mit nach draußen zu nehmen. Ebenso können Sie damit einem Hund nach einer noch frischen Operation einen Park- oder Waldspaziergang gönnen. Für den modernen Menschen gibt es auch den „Pet Traveller", der an das Fahrrad als Anhänger angespannt werden kann. Für den Hundebuggy gibt es bereits einige Testberichte und das Gefährt wird in vielen unterschiedlichen Modellen gehandelt. Für sehr große Hunde können die Buggys auch schon einmal 1.500 Euro kosten. Einen kleinen erhalten Sie bereits für unter 50,- Euro. Vorsicht: Die Wagen sind nur für Hunde und andere Haustiere geeignet und nicht für Kinder.

Portuguese Sheepdog

Wheaten Terrier

Hunde in Märchen

In der Literatur kommen Hunde immer wieder vor. Es gibt zahlreiche Anekdoten berühmter Persönlichkeiten und Gedichte. In den Fabeln des Aesop, des Sophos und denen von Gotthold Ephraim Lessing spielen Hunde eine wichtige Rolle. Es gibt auch Märchen mit Hunden, die nicht so bekannt sind und natürlich Erzählungen und Romane.

„Der Hund und der Sperling" ist ein weniger bekanntes Märchen der Gebrüder Grimm. Das Herrchen ließ seinen Hund hungern und so machte sich das Tier auf. Er verließ traurig sein Heim und wurde von einem Sperling überredet, dem Vogel in die Stadt zu folgen. Die Geschichte ist alles andere als kinderfreundlich. Der Hund wird zwar satt, wird aber von einem Kutscher aus Bosheit überfahren. Der Sperling rächt sich später und die Frau erschlägt ihren Mann, den Kutscher. Suchen Sie einmal im Internet danach. Es ist eine sehr ungewöhnliche Geschichte, die sich auch sehr gut liest. Aber bitte geben Sie Kindern keinen Zugriff auf diese. Dafür ist sie doch recht brutal.
Ludwig Bechstein hat in seinem „Deutschen

Märchenbuch", das im Jahr 1847 entstanden ist, das Märchen „Die drei Hunde" aufgeschrieben. Hier geht es um einen Schäfer, der seinen Kindern drei Schafe und ein Haus hinterließ. Bevor der Vater starb, ermahnte er die Kinder, sich nicht zu verstreiten und das Erbe gerecht untereinander aufzuteilen.

Eines der Kinder erhielt die Schafe und ließ sich auf seiner Wanderung überreden, diese gegen drei Hunde zu tauschen. Erst wollte er nicht, weil er von den Hunden nichts hatte. Er würde sie nur füttern müssen. Doch er ließ sich schließlich überreden. Die Hunde brachten dem Mann Essen, kämpften mit einem Drachen und retteten den Besitzer aus dem Kerker. Ein Fremder schmückte sich damit, einen Drachen getötet zu haben, um die Königstochter zu retten. Doch die Königstochter erkannte den Besitzer der Hunde und heiratete diesen. Am Ende verwandelten sich die Hunde in Vögel und verließen den jungen Mann. Sie waren nicht mehr nötig, denn der Mann hatte sein Glück gefunden.

Auch diesen Text finden Sie im Internet. Er ist wie ein klassisches, sehr schönes Märchen geschrieben und kann auch Kindern vorgelesen werden. Sie finden auch noch andere Märchen in Büchern und im Internet, in denen der beste Freund des Menschen eine wichtige Rolle spielt. So „Das Schneiderlein und die drei Hunde" und „Das Märchen vom Wolf und dem Hund".

Dem Hund kommt in Märchen immer eine sehr Menschen-nahe Rolle zu. Er zählt als Freund und Begleiter, als treuer und loyaler Begleiter des Helden der Geschichte. So hatte auch Artemis, die griechische Göttin der Jagd, einen Hund an ihrer Seite. Manchmal gilt der Hund auch als „Orakelwesen", der mehr über die Zukunft weiß, als der Mensch selbst, der es aber nur in Rätseln und Andeutungen auszusprechen vermag.

In einigen Märchen kann man dem Hund eine besondere Symbolik zuweisen. In Brüder Grimms „Der alte Sultan" spielt ein alter, nutzlos gewordener Hund eine wichtige Rolle. Er soll erschossen werden, weil es für sein Leben keinen Nutzen mehr gibt. Doch ein Wolf unterstützt ihn dabei, einen ehrenvollen Platz im Hause seine Herrn zu erhalten. Der Wolf möchte aber entlohnt werden und verlangt eine Leistung für seine Hilfe. Der Hund verrät ihn und entscheidet sich für seinen Herrn und gegen den Wolf. Daraus folgt, dass der Hund seinem Herrn stets treu und loyal bleibt, auch wenn der Herr ihm gegenüber eine andere Haltung einnimmt.

Auch bei den „Bremer Stadtmusikanten" ist der Hund ein ausgemustertes Haustier, das nicht mehr gebraucht wird. Nur der Tod kann seinem Leben einen Sinn geben. Doch er findet in den anderen Tieren Freunde und Kameraden. Hier geht es eher um die Gedemütigten, Ausgenutzten und Verachteten, die keinen Platz mehr in der Gesellschaft finden, die ausgestoßen und ignoriert werden, die weggehen und nur unter ihresgleichen wahre Freunde finden.

Im französischen, nicht so bekannten „Der Biedermann und sein Hund Armut" ist die Rolle des Hundes eine andere. Hier findet der Held der Geschichte einen Hund, nimmt ihn auf und gewinnt so einen treuen Begleiter und Freund.

Bei „Die Lebenszeit" von den Brüdern Grimm wird der

manchmal verwendete Begriff „Hundeleben“ verdeutlicht. Die Treue des Hundes findet keinen Dank. So lange der Hund scharfe Zähne sein Eigen nannte und sich wehren konnte, hielt sein Herrchen respektvollen Abstand. Dieser Respekt verschwindet, als der Hund im hohen Alter seine Zähne verlor. Die Geschichte ist nicht sehr kinderfreundlich und wirkt eher brutal und krass. Der Eindruck wird durch das Verhalten mancher Menschen verstärkt, die es dem Hund in diesem Märchen im wirklichen Leben gleichtun.

Hans Christian Andersen lässt in seinem Märchen „Das Feuerzeug“ einen Hund als Begleiter des Helden auftreten. Drei Hunde werden in diesem Märchen dem Helden bei seinem Abenteuer beistehen und ihm über jede Gefahr hinweg verhelfen.

In dem russischen Märchen „Der Frost“ behandelt die Stiefmutter ein Mädchen böse und gängelt sie nur. Der Hund (unter dem Tisch) hat nur eine Nebenrolle in dieser sehr wundervollen, zur Weihnachtszeit passenden Geschichte. Er sagt der Tochter, dass sie bald einen sehr reichen Mann heiraten wird. Der Hund hat hier die Rolle eines Orakels, das dem Helden die Zukunft offenbart. Das Märchen ist bei uns auch als „Väterchen Frost“ bekannt.

Das sehr alte Märchen „Petrosinella“ von Giambattista Basile wird ein Mädchen von einer bösen Hexe bedroht. Durch einen Zauber wird ein Hund gerufen. Er hat die Aufgabe, das Mädchen vor der Hexe zu beschützen. Er ist jedoch nicht stark genug und kann diese Aufgabe nicht meistern. Sein Verwandter, der wild lebende Wolf, übernimmt die Aufgabe und besiegt die Hexe. Er überwältigt die böse Frau und frisst sie. Der Hund hat in diesem Märchen die Aufgabe, die wirkliche Welt des Mädchens mit ihren guten Seiten und die böse Welt, in der die Hexe und der Wolf lebt, zu verbinden. Er gilt hier als Mittler zwischen beiden Welten.

In dem Märchen „Die bezauberte Hirschkuh", das ebenfalls von Giambattista Basile stammt, ist der Hund ein Begleiter eines Jägers. Der Hauptheld ist hier nicht die positive Figur. Der Jäger will die sanftmütige Hirschkuh erlegen. Der Hund hilft ihm dabei. Doch als der Hund an eine Kette gelegt wird, kann er seine Kraft nicht mehr nutzen und dem Jäger nicht mehr zur Seite stehen. Die Hirschkuh trickst den Jäger aus und nimmt ihn gefangen. Der Jäger kann die Hirschkuh nicht mehr erlegen.

Viele Märchen, in denen ein Hund eine Rolle spielt, sind einem nicht bekannt oder man vergisst sie irgendwann. Doch es gibt viele Geschichten. Nicht immer ist der Hund ein Freund oder Begleiter. Er hat ganz unterschiedliche Rollen und manchmal wirkt er gar etwas menschlich. Aber das gehört nun einmal zu der Welt der Märchen.

Pointer

Portuguese Water Dog

Hunde in Romanen und Erzählungen

In vielen Erzählungen und Romanen kommt dem Hund und auch seinem Vorgänger dem Wolf eine gewichtige Rolle zu. Einige davon möchte ich Ihnen nun vorstellen.

In der Odyssee von Homer taucht Argos auf, der Jagdhund des Helden. Er begleitet seinen Herrn nicht etwa auf seine Abenteuer, sondern wartet auf ihn. Der treue Hund muss im Palast Ithaka ganze 20 Jahre auf sein Herrchen warten, bis dieses von seiner Reise zurückkehrt. In diesem hohen Alter ist der Hund zu schwach, um dem heimkehrenden Odyssee entgegenzueilen. Er bemerkt sein Herrchen, wedelt mit dem Schwanz, senkt den Kopf und stirbt.

Die Treue zu seinem Herrn lässt den Hund ausharren. Und die Rückkehr des Helden erlöst ihn schließlich. Doch ein Held ist der Hund in dieser Geschichte nicht. Er tritt nur am Rande auf. Ganz anders in Jack Londons „Wolfsblut“. Diese klassische Tiergeschichte kennt wohl jeder. Sie ist die Vorlage für sehr viele verschiedene Filme. Interessant ist, dass der Roman „Wolfsblut“, der im Original „White Fang“ heißt, einen anderen Roman des gleichen Schriftstellers umdreht. Ein Literaturwissenschaftler würde sagen: Das Thema der Ursprungsvorlage wird variiert.

In Wolfsblut findet ein junger Wolf seinen Weg. Er wird von Indianern aufgenommen und später als Leithund vor Hundeschlitten eingesetzt. Für einige Flaschen Whiskey verkauft der Besitzer den Hund an einen Halter, der Hundewettkämpfe abhält und seine Tiere grob und böse behandelt. Wolfsblut stirbt bei einem Kampf gegen eine Bulldogge fast. Der schwer verletzte Hund wird von dem Minenexperten Weedon Scott aufgenommen und wieder hochgepäppelt. Er kauft den Hund für eine damals extrem hohe Summe von 150 Dollar.

Scott wird ein Freund des Hundes und erlebt mit ihm so einiges. Er nimmt den Hund mit nach Kalifornien. Wolfsblut muss sich an das Leben in einer Stadt und in einer amerikanischen Familie gewöhnen. Das gelingt ihm sehr gut und er kann die Herzen aller gewinnen.

Die Familie steht jedoch dem Hund nicht positiv gegenüber. Sie sehen ihn als wilden unerzogenen Hund, der nicht in die Stadt passt. Doch der Hund rettet seinem Herrn nach einem schweren Reitunfall das Leben. Später beschützt der Hund die Familie vor einem gefährlichen Sträfling, der aus seiner Gefangenschaft geflohen ist. Bei dieser Aktion wird der Hund so schwer verletzt, dass er dem Tod sehr nah ist. Doch die Familie kann ihn wieder hochpäppeln. In diesem Augenblick hat er sich auch einen Platz in den Herzen der anderen Familienmitglieder erkämpft. Der Roman schließt mit einer Szene, in der Wolfsblut mit einem Jungen und einem anderen Hund, einem Collie, spielt.

Wolfsblut ist ein echter „Hunderoman“, in dem der vierbeinige Freund des Menschen die Hauptrolle spielt. Er ist sehr einfühlsam und emotional geschrieben. Man fiebert und leidet mit Wolfsblut mit. Der Hund – die Mutter Wolfsblutes ist ein Mischling aus Wolf und Schäferhund – kommt aus der wilden rauen Natur zu Menschen. Er lernt das Überleben in Alaska kennen, den erbarmungslosen Hundekampf, gute und schlechte Menschen und wird zu einem treuen, loyalen Freund.

Sehr schön ist, dass der Hund nicht am Ende der Geschichte stirbt. Der Autor blendet die Geschichte einfach aus.

„Wolfsblut“ wurde mehr als sieben Mal verfilmt. Die Quellen im Internet sind hier nicht genau. Die erste Verfilmung stammt aus dem Jahr 1925 und trägt den Titel „White Fang“. Es gibt eine sehr freie deutsche Verfilmung mit Klaus Maria Brandauer und eine Trickfilmserie. Interessant ist auch die Verfilmung des Italieners Fulci. Der Film mit Franco Nero in der Hauptrolle wurde zunächst mit einer Altersfreigabe von P16 veröffentlich und erschien nur in einer zensierten, geschnittenen Fassung. Erst später gab es die DVD ungeschnitten. Der Film ist sehr grob und rau.

Der Roman „Der Ruf der Wildnis“ von Jack London wird oft mit Wolfsblut in einem Atemzug genannt. Die Verfilmungen werden einem Buch zugeschrieben. In Wirklichkeit sind es aber zwei Bücher und zwei unterschiedliche Geschichten. Der Held dieser Geschichte ist der Hund „Buck“. Sein Besitzer ist ein braver Gärtner, der in der Nähe von San Francisco lebt. Der Mann frönt dem Glücksspiel und kann eines Tages seine Schulden nicht mehr bezahlen. Der Mann, bei dem der Gärtner Schulden hat, entführt Buck und nimmt ihn mit in die Goldsucherregion Klondike.

Aus der Sicht des Hundes lernt der Leser den harten Alltag der Goldsucher in Alaska kennen. Buck erlebt im Laufe der Geschichte viele Abenteuer. Stück für Stück ereilt den Hund der „Ruf der Wildnis“.

Buck wird von dem Schlittenhundeführer John

Thornton gerettet und wird dessen Freund und Weggefährte. Nach vielen Abenteuern in der Natur Alaskas und den Orten stirbt Thornton und der Hund ist allein. Buck gibt dem Ruf nach und schließt sich einem Wolfsrudel an.

Der ursprüngliche Roman Londons erschien 1903 und bestand aus drei einzelnen Büchern. Es gibt deutsche Ausgaben, die alle drei Bücher beinhalten. 2013 erschien im dtv-Verlag eine Ausgabe, die eine erste neue und vollständige Übersetzung des Ursprungsromans beinhaltet.

Der Roman „Der Ruf der Wildnis“ wurde inzwischen ganze neun Mal verfilmt. Die älteste Verfilmung stammt aus dem Jahr 1935 und zeigt die Hollywoodlegenden Clark Gable und Loretta Young natürlich neben dem Hauptheiden Buck. Eine der neusten Verfilmungen erschien erst Ende 2020 mit Harrison Ford. Diese Verfilmung ist aufgrund der modernen Art mit viel Action und den beeindruckenden Naturaufnahmen sehr empfehlenswert. Aber es ist auch einer der ersten Filme, in denen der Hund und andere Tiere animiert sind. Der Hund als Tierdarsteller entfällt leider. Moderne Technik macht dies möglich.

In Jack Londons „Jerry der Insulaner“ ist der Hund Jerry, ein Terrier, der Held der Geschichte. Eine weitere Hundegeschichte von London heißt „Michael, der Bruder Jerrys“. Beide sind absolut lesenswert und sehr emotional, schöne und oft bildhafte Geschichten. Die Hunde in diesen Romanen schließt man sofort ins Herz.

Ich glaube, nur Leseratten aus der DDR und den

Ostblockländern werden „Kantor“ kennen. Die beiden Bücher „Kantor auf der Spur“ und „Grossfahndung mit Kantor“ zeigen den titelgebenden Helden auf der Jagd nach Kriminellen, Grenzverletzern und Schmugglern. Der ungarische Autor Rudolk Szamos lässt seinen Hund an der sozialistischen Grenze seinen Dienst tun. Beide Bücher sind sehr spannend geschrieben. Man sollte sich hier nicht an der Ostpolitik stören.

Es gibt schöne und interessante Geschichten, Erzählungen und Romane über Hunde. Einige Beispiele möchte ich noch nennen: Kurt Tucholsky´s „Traktat über einen Hund“ zeigt, dass der Hunde der beste Freund des Menschen ist und man mit so einem Vierbeiner immer Spaß haben kann. Virgnia Woolfs „Flush“ zählt zu einer schönen, witzigen Hundeliteraturperle. Loriots „Von Möpsen und Menschen“ ist eine Liebeserklärung an den Mops, aber auch eine Kritik an dem bürgerlichen Leben. Aber das ist natürlich noch nicht alles…

„Krambambuli“ stammt aus dem Jahre 1883. Der von Marie von Ebner-Eschenbach geschriebene Roman ist so etwas wie ein Alpen-Heimatroman. Im Vordergrund steht der Kampf zwischen den Förstern und den Wilderern. Der Jäger Hopp kauft einen Hund für ein paar Flaschen Schnaps, daher der Name des Romans und des Hundes. Er foltert und misshandelt den Hund schwer. Hopp versucht so den Hund zu brechen. Das gelingt ihm.

Eine Gräfin will den Hund für sich haben und bittet den Jäger darum. Der meint, wenn der Hund nicht ausbüchst, wäre dies in Ordnung. Der Hund beißt jeden, der sich ihm nähert und er frisst nichts. Die Gräfin weiß keinen anderen Rat und gibt den Hund dem Jäger zurück.

Der Oberförster schlägt eine Frau und wirft ihr vor, ein Liebesverhältnis mit einem Wilddieb zu haben. Sieben Tage später wird der Oberförster tot aufgefunden. Ein Gewehr wird gefunden. Der Hund schnüffelt an diesem und wird sichtlich nervös. Hopp versteht, dass der Mörder der vorhergehende Besitzer des Hundes ist.

Hopp stellt den Wilderer. Er hetzt den Hund Krambambuli auf den Wilderer. Doch dieser begrüßt ihn freudig. Beim Schusswechsel versagt das Gewehr des Wilderers. Hopp jedoch trifft und tötet den Wilderer. Er setzt an, um auch den Hund zu erschießen. Er ist erbost, weil dieser nicht den Wilderer gestellt hat. Doch er kann den Hund nicht töten. Hopp geht und lässt den Hund allein bei der Leiche des Wilderers. Ein paar Tage später wird der Hund tot vor die Haustür des Försters gelegt.

Der Roman ist schwierig und sehr rau. Er zeigt den Zwist zwischen Wilderern und Förstern zur damaligen Zeit, aber auch die raue Beziehung von Herrn zum Hund.

Scottish Terrier

Großer Schnauzer

Noch mehr interessante Geschichten über Hunde

Ein berühmter Terrier namens Fala

Fala war ein Scottish Terrier, der sehr berühmt wurde. Und das nicht, weil er etwas Besonderes getan hatte, sondern weil sein Herrchen Franklin D. Roosevelt war. Der US-Präsident nahm den Hund zu Presseterminen, nationalen und internationalen Konferenzen und zum Empfang von Gästen im Weißen Haus mit. Auch auf die Wahlkampfreise von Roosevelt durfte Fala mit. Der Präsident hat den Hund oft in seinen Reden erwähnt und er tauchte auch recht oft in den Zeitungsberichten auf Fotos auf. Auch auf politischen Karikaturen erschien der Hund oft.

Im Jahre 1944 warf man Roosevelt vor, der Präsident habe seinen geliebten Terrier auf einer seiner Wahlkampftouren vergessen. Daraufhin schrieb der Präsident eine Rede, die als „Fala-Rede" in die Geschichtsbücher einging. Er erwähnte in dieser seinen Hund. Die wichtigsten Inhalte waren aber politischer Natur.

Fala lebte von 1940 – 1953. Der Hund verbrachte viele wundervolle Jahre an der Seite seines Herrchens im Weißen Haus und bei den Roosevelts Zuhause. Interessant ist, dass der Hund so bekannt in Amerika war, dass ihn im Krieg US-Soldaten als Erkennungszeichen nutzten. In der Ardennenoffensive fragten US-Soldaten, die sich persönlich nicht kannten, den Namen von Roosevelts Hund ab. So konnten sie sicher sein, dass der andere Soldat wirklich ein US-Soldat war und kein Deutscher, der sich eingeschlichen hatte.

Ottos Mops

Ottos Mops lässt einen gleich an Loriot denken. In dem Fall ist es aber falsch. Vielmehr ist es ein sehr einfaches Gedicht des Künstlers Ernst Jandl. Das Gedicht entstand 1963 und ist aus Sätzen von jeweils nur zwei bis vier Wörtern aufgebaut. Das „O“ kommt in jedem Satz vor.

Ottos Mops ist ein lustiges Gedicht, das eine kleine Episode aus dem Leben eines Hundes erzählt. Das Gedicht wird in der Schule gelehrt und zeigt, wie die sogenannte „konkrete Poesie“ funktioniert.

Der Inhalt ist recht schnell erzählt: Der Mops ist unartig. Otto ist böse darüber und schickt ihn fort. Doch das Herrchen vermisst seinen Hund. Otto ruft den Mops. Der kommt auch zurück und – übergibt sich auf den Teppich.

Die Geschichte des Hundes Garm

Garm ist ein Hund aus der nordischen Mythologie. Er gehört der Totengöttin Hel und bewacht an deren Seite den Eingang zur Unterwelt. Er lebt in der Höhle Gnipahellir. Niemand darf die Höhle betreten. Garm ist wehrhaft und stark und stürzt sich auf jeden, der es auch nur wagt, die ersten Meter in die Höhle zu laufen.

Aber Garm ist an einer langen Kette an die Höhle

gebunden. Er kann seinen Platz nicht verlassen. Als sich der Weltuntergang nähert, der in den nordischen Sagen als „Ragnarök“ bezeichnet wird, reißt er sich los. Er begleitet mächtige und wehrhafte Riesen und kämpft gegen die Götter. Im späteren Kampf mit dem Gott Tyr stirbt er, kann aber seinen Widersacher ebenfalls töten.

Garm steht hier für Stärke, Gehorsam und Treue zu seinem Herrn. Seine Treue geht so weit, dass er sich losreißt und aussichtlose Kämpfe bestreitet, um die Welt seines Herrn zu retten.

Der Schwarze Hund aus Alt-England

Jeden Hund kann man lieben und in sein Herz schließen – nicht aber so den schwarzen Hund. Der „black dog“ ist ein Geisterhund, der seinen Ursprung in britischen Überlieferungen hat. Er ist nur nachts unterwegs und wer ihn sieht, dem wird ein Zeichen des Todes offenbart.

Der Black Dog erscheint oft in Kombination mit schweren, düsteren Gewittern. Er soll in Wales an der Küste hausen, an Waldkreuzungen und an Orten, an denen Menschen hingerichtet wurden.

Es ist nicht genau bekannt, wo diese Legende seinen Ursprung hat. Schwarze Hunde gibt es in einigen Überlieferungen. Sie tauchen in Gruselgeschichten und Märchen auf. Die Geschichte scheint nicht aus Wales, sondern eher von den Kelten oder Germanen zu stammen.

Der schwarze Hund als solches gilt zwar als Omen oder unheilvolles Zeichen, ist aber in den Geschichten nicht wirklich ein Tier, das etwas Böses tut. Der Hund wird nur gesehen und kündigt so etwas Schlechtes an. Anders ist es beim „Barghest". Dieser schwarze Hund, der in Nordengland leben soll, hause in einsamen Schluchten und überfalle die, die sich dahin verirrt hatten, die in der Schlucht Zuflucht suchten oder vom Weg abgekommen waren. Der Barghest überfällt den armen Reisenden und tötet ihn mit seinen riesigen Reißzähnen und Klauen.

Bummer und Lazarus

Die beiden Streuner Bummer und Lazarus lebten in 1860 in San Francisco. Die beiden Hunde waren damals sehr berühmt. Ihre Geschichte ist interessant und sehr berührend.

Bummer, was übersetzt etwa „Rumtreiber" heißt, war ein Neufundländermischling, der auf einer der Straßen San Francisco lebte. Er war bekannt als erfolgreicher Rattenjäger. Eine Journalistin hatte den Hund mitgebracht und ihn immer mit in die Kneipen der Stadt genommen. Hier jagte er Ratten und büchste schließlich aus. Er zog die Freiheit auf den Straßen dem Leben in den Kneipen und einer kleinen Wohnung in San Francisco vor. Wohl war er zuvor auch schon ein Herumtreiber gewesen, weswegen sein Herrchen ihn so genannt hatte.

Ein Jahr nachdem Bummer nach San Francisco gekommen war, traf er auf zwei Hunde, die miteinander kämpften. Er griff in den Kampf ein und rettete so eine Promenadenmischung, die ansonsten im Kampf mit einem viel größeren Hund getötet oder schwer verletzt worden wäre. Bummer teilte seinen Essensteller mit dem geretteten Hund und dieser wich zum Dank dafür dem viel größeren Bummer nicht mehr von der Seite. Man nannte die Promenadenmisch Lazarus.

Die beiden Hunde jagten gemeinsam nach Ratten und sollen bei dieser Jagd sehr erfolgreich gewesen sein. Man erzählte sich, die beiden Hunde hätten es geschafft, in 20 Minuten ganze 85 Ratten zu erlegen.

Die Hunde wurden schnell bekannt und waren immer wieder in Berichten der örtlichen Presse vertreten. An einem Tag wurde Bummer durch eine Schussverletzung verletzt. Lazarus verließ seinen Freund, kehrte aber nach dessen Gesundung wieder zurück. Beide sollen einem Polizisten bei der Festnahme eines Verbrechers geholfen haben und ein durchgegangenes Pferd angehalten haben, bevor es jemanden auf der Straße niederreißen konnte.

Jedoch waren die beiden keine braven Hunde. Sie schlichen sich in Geschäfte ein und stibitzten Wurstwaren, griffen andere Hunde an, attackierten Schafe und setzten sich heftig zur Wehr, wenn sie einen Schlafplatz gefunden hatten und entdeckt worden waren. Aus diesem Grund setzte man auch einen Hundefänger an. Lazarus wurde gefangen. Doch die Bewohner San Franciscos protestierten heftig und demonstrierten sogar auf der Straße. Daraufhin wurde Lazarus freigelassen und die Stadtverwaltung erließ eine besondere Verordnung, nach der Lazarus und Bummer von den Regeln zur „Bekämpfung herumstreunender Hunde" befreit waren.
Lazarus wurde 1863 von einem Fahrzeug der Feuerwehr überfahren. Er erlag seinen schweren Verletzungen. Man berichtete unter dem Titel „Klagelied für Lazarus" in der

Zeitung über den Hund. Im Nachruf schrieb man über den Hund und seinen Freund:“ Zwei Hunde mit nur einem Bellen…“.

Lazarus wurde ausgestopft und fand einen Platz in der Kneipe Martins Saloon. Bummer fand einen neuen Freund, wurde jedoch schon bald schwer krank. Ein Betrunkener trat nach dem Hund, woraufhin er kurze Zeit später starb. In der Zeitung las man später „Der noble Bummer schläft“. Selbst Mark Twain ließ es sich nicht nehmen, einen Nachruf auf den Hund zu verfassen.

Auch Bummer wurde ausgestopft. Beide Tierkörper landeten später bei einem privaten Sammler und wurden von diesem an ein Museum gespendet. Leider wurde dieses 1906 beim Erdbeben von San Francisco beschädigt. 1992 brachte man an dem „Transamerica Pyramid“-Tower, dem höchsten Wolkenkratzer San Franciscos, eine goldene Gedenkplatte an, die noch heute an Bummer und Lazarus erinnert.

Maltschik

Wie Bummer und Lazarus war auch Maltschik ein Herumtreiber. Er lebte um 1906 bis zum Dezember 2001 in der U-Bahn in Moskau. Maltschik war einer er vielen Hunde, die wild in Moskau lebten.

1996 wurde dem Stationsvorsteher der Moskauer U-Bahn ein kleiner, süßer Welpe geschenkt. Er nannte ihn „Maltschik“, was so viel wie „Junge“ oder „Bursche“ heißt. Der Hund hielt sich immer am Eingang der U-Bahn auf. Die Besucher der U-Bahn sahen ihn und liebten den Hund. Ebenso gewann der schwarz-gelbe Mischling das Herz der Eisenbahnbeamten. Er lief auch oft zu den Kiosken rund um den U-Bahn-Eingang und bekam von dem ein oder anderen etwas Futter, Leckerlis oder auch ein paar Streicheleinheiten. Maltschik hielt andere Hunde fern. Kein streunender Hund durfte den U-Bahn-Bereich betreten. Versuchte es einer, war Maltschik zur Stelle und verjagte den Eindringling. Die Händler und die nahe wohnenden Menschen fanden dies gut. Es war eben „ihr Maltschik“, der aufpasste.

Maltschik sollte nur 5 Jahre alt werden. Im Dezember 2006 lief das nicht mehr gefragte, alleinlebende Fotomodell Juliana Romanowa mit ihrem Bullterrier zur U-Bahn. Maltschik bellte in der Unterführung der U-Bahn den fremden Hund an. Sofort ließ die Frau ihren Hund von der Leine und hetzte ihn auf Maltschik. Während die beiden Hunde miteinander kämpften, zog die Frau ein Küchenmesser aus ihrer Umhängetasche und stach sechs Mal auf Maltschik ein. Nur wenige Augenblicke später starb Maltschik.

Juliana Romanowa wurde von der Polizei verhaftet, doch aufgrund des geringen Deliktes wieder frei gelassen. Die Einwohner Moskaus protestierten gegen dieses Vorgehens. Die Frau hatte ihren Maltschik aus dem Leben gerissen. Eine Pressemitarbeiterin hörte von der Geschichte und brachte sie in die Zeitung. Sie machte in ihrem Artikel darauf aufmerksam, dass Frau Romanowa schon zuvor Hunde gequält, mit Eisenstangen geschlagen, erstochen oder aus dem Fenster geworfen hatte.

Dieser Artikel sorgte für viel Aufmerksamkeit in

Moskau. Es wurden Ermittlungen wegen mehrfacher Tierquälerei aufgenommen und Frau Romanowa wurde von einem Psychiater untersucht. Es ergab sich, dass die Frau geisteskrank und unzurechnungsfähig war. Ihr wurde eine paranoide Schizophrenie nachgewiesen. Infolge dieser Diagnose wurde sie in eine Klinik für psychisch kranke Menschen zwangseingewiesen und behandelt. Ein Jahr später wurde sie wieder entlassen.

Die Geschichte um Maltschik und die durch eine Journalistin offengelegte Tierquälerei sorgte für heftige Diskussionen über die russischen Gesetze zum Tierschutz. Es gab Artikel in den russischen Zeitungen, einen Artikel in der News York Times und viele öffentliche Diskussionen. Über Spendengelder bekannter russischer Persönlichkeiten finanzierte man die Errichtung eines Denkmales.

Am Eingang der Moskauer U-Bahn steht heute ein 50 Zentimeter großes Denkmal, das Maltschik zeigt. Das Denkmal ist so gestaltet, dass es auf das Schicksal der Strassenhunde Moskaus hinweist. Aber es soll auch an den richtigen Umgang des Menschen mit Hunden und Tieren erinnern. Wir finden in Hunden nicht nur einen Freund und Gefährten. Wir haben auch eine Verantwortung gegenüber einem Hund, dem wir uns nähern oder der in unserem Heim leben darf und eine Verantwortung gegenüber allen Lebewesen auf unserer Erde. Und so steht auf dem Sockel des Denkmals am Eingang der Moskauer U-Bahn auch: “Mitgefühl. Dem humanen Umgang mit heimlosen Tieren gewidmet.“

Dobermann

Airedale Terrier

Hunde als Nahrung

Kein so schöner Gedanke. Und für unsere europäischen Verhältnisse kaum vorstellbar. Mal abgesehen vom „Kalten Hund". Diese Speise hat aber wiederum nichts mit einem Hund zu tun. Vielmehr handelt es sich um eine sehr leckere Süßspeise aus Keksen und Schokolade. Etwas gewagter und nur für Erwachsene ist der „Bekloppte Köter". Bei diesem alkoholischen Getränk wird Vodca und Himbeersirup untermischt. Oben drauf kommen einige Tropfen Tabasco. Das Getränk wird nicht einfach ex und hopp vernichtet, sondern im Mund vermischt. So ergibt sich eine Kombination aus süß und scharf. Im polnischen Original-Rezept werden übrigens 10 Tropfen Tabasco verwendet. Davon rate ich ab! Nehmen Sie zu Beginn nur 3.

In Vietnam, China und Korea gelten Hunde als Delikatesse. Obwohl in China der Verzehr verboten wurde, haben sich erst in letzter Zeit „Hundefarmen" gebildet, die die Tiere gezielt züchten. Aber dass „alle Chinesen" Hunde essen, ist falsch. China ist sehr groß. Es gibt unzählige Regionen und ethnische Gruppierungen. In den im Süden des Landes gelegenen Provinzen Guandong und Guanxi werden noch heute viele Hunde gegessen. Dafür tötet man jedes Jahr in China 10 Millionen Hunde. Ab dem 21. Juni findet in jedem Jahr in der chinesischen Stadt Yulin das Lychee- und Hundefleischfestival statt. Eine Woche lang kann jeder Festbesucher einen Vierbeiner in allen möglichen Variationen essen. Allein bei dem Gedanken daran, wird einem schlecht.

Das Festival gibt es erst seit 2009. Immer wieder versuchen europäische, amerikanische und australische Tierschutzorganisationen an den gesunden Menschenverstand der chinesischen Regierung zu appellieren, dieses Festival zu verbieten. Jedes Jahr starten einige Organisationen an Partisanen-Einsätze erinnernde Aktionen und befreien Hunde aus den Käfigen in Yulin. Einige Berühmtheiten spenden Geld, um Hunde zu befreien. So wurden 2014 durch die Spende eines Lehrers 360 Hunde freigekauft.

Im Jahr 2020 hat das Agrarministerium in China bekannt gegeben, dass Hunde im Land nicht mehr als Nahrungsmittel zählen. Der Handel mit Hundefleisch wurde verboten. Das scheint aber nur eine Maßnahme zu sein, um ausländische Medien, Touristen und Tierschutzorganisationen zu beruhigen. Denn im gleichen Atemzug bleibt das Hundefleischfestival in Yulin bestehen. 10.000 Tiere werden für dieses Festival in engen, rostigen Käfigen dicht an dicht gehalten, vor Ort geschlachtet und zubereitet. Eine Tierschutzorganisation schaffte es 2020 insgesamt 36 Hunde zu befreien und 10 davon nach Deutschland zu vermitteln. Das ist natürlich nur ein Tropfen auf den heißen Stein.
Wenig bekannt ist, dass der Polarforscher Ronald

Amundsen seine Tiere nicht nur als Schlittenhunde nutzte, sondern die nicht mehr benötigten Hunde als Nahrung verwendete. Um 1900 wurde in vielen Regionen in Deutschland auch Hundefleisch empfohlen. Einige asiatische Hundefleischrezepte findet man im Internet und vielleicht auch beim Asienurlaub. Allein der Gedanke daran lässt ein flaues Gefühl im Magen entstehen und man schüttelt den Kopf.

Aber – für den besten Freund des Menschen gibt es natürlich viele Rezepte, mit denen man dem Vierbeiner eine Freude machen kann. Nicht der Hund wird gegessen, sondern Rezepte für den Hund umgesetzt. Es gibt sogar richtige Hundekochbücher.

Norwich Terrier

Deutscher Pinscher

Buntgemischt – Interessante und ungewöhnliche Fakten zu Hunden

Es gibt viele tolle Geschichten über Hunde, Filme und Bücher und jede Menge Wissenswertes zu unserem liebsten Vierbeiner. Aber ein paar kleine Fakten überraschen einen doch manchmal.

Dürfen Hunde Schokolade essen?

Hunde sollten keine Schokolade essen! Manche stibitzen mal ein Stück oder lieben die weiß-braune-Schokolade aus den Ü-Eiern. Geben Sie diese niemals Ihrem Hund! Das Enzym, dass das Theobromin in der Schokolade zersetzen und abbauen kann, haben nur wir Menschen. Hunde besitzen dieses Enzym nicht. Kleine Hunde können bereits beim Genuss einer halben Tafel Schokolade sterben.
20 Milligramm Theobromin führen zu Erbrechen, Durchfall und starkem Durst. Die doppelte Dosis sorgt für Kreislaufprobleme und starken, beschleunigten Puls. Über 60 mg sorgen für Bewusstseinsstörungen und Krampfanfälle. 12 bis 36 Stunden nach den ersten Symptomen kann der Tod eintreten.

Bei rechtzeitiger Behandlung kann ein Arzt durch das bewusste Herbeiführen von Erbrechen, der Gabe von Aktivkohle und dem Verabreichen von Infusionen helfen. Die Behandlung muss 2 – 4 Stunden nach der Aufnahme der Schokolade erfolgen. Die Vergiftung selbst führt nicht zu Folgeschäden. Aber einige der Komplikationen können Folgeerkrankungen nach sich ziehen. Deshalb: Am besten die Schokolade verstecken und die besten Hundeleckerlis anbieten.

Das Hundetragen im Mittelalter

Das Hundetragen war eine schwere Strafe, die Tätern im Mittelalter auferlegt wurde. Sie mussten unter den Augen der Bevölkerung einen Hund von einem Ort zu einem anderen tragen. Diese Strafe wurde nur bei Landfriedensbruch auferlegt und war vor allem in

Schwaben und Franken bekannt. Später wurde sie im gesamten deutschen Reich angewandt.

Aus verschiedenen Gründen wurden Todestrafen manchmal nicht verhängt. Dennoch musste der Täter sich offen zeigen und einen Hund tragen. Möglicherweise geschah dies durch eine breite Menschenkette, die ihn mit Gelächter oder dem Bewerfen mit Gemüse und Obst begleitete.

983 bestrafte Otto der I. alle Aufrührer und ließ sie durch die Stadt einen Hund tragen. Für die Adligen und hohen Offiziere war dies eine Schmach und Schande.

Der Dackel Waldi

Der Dackel Waldi hatte jetzt kein besonderes Leben. Er wurde nicht gerettet und ist auch nicht berühmt. Nun ja, vielleicht doch.

Otl Archer entwarf zu den Olympischen Spielen in München einen Dackel als Maskottchen. Die Idee kam von Willi Daume, der selbst einen Dackel besaß. Viele Münchner besaßen einen Dackel. Der Dackel war zäh, beweglich und widerstandfähig und stand damit auch für einen gesunden Sportsgeist. Das passte sehr gut zur Stadt, zu der Denk- und Lebensweise der Münchner und natürlich zum olympischen Gedanken.

Bei der Fußballweltmeisterschaft 1994 in den USA wurde ebenfalls ein Hund als Maskottchen erschaffen. Striker trägt das Trikot der US-Mannschaft. Die Mannschaften der Fußballbundesliga haben auch Maskottchen. Bei Hannover 96 ist es der Hund Eddi.

Hundeherz – Der etwas andere Hunderoman

Michael Bulgakow schrieb die Erzählung „Hundeherz". In ihr findet der Leser keine klassische Hundeerzählung, sondern eine sehr ungewöhnliche Geschichte. Es handelt sich um eine Satire, die den „neuen sowjetischen Menschen" beschreibt.
Die ganze Geschichte spielt fast nur in der Wohnung des Chirurgen Professor Filipp Filippowitsch Preobrashenski. Er hat sich auf die Verjüngung von Menschen spezialisiert und pflanzt einem Hund eine Hirnanhangdrüse und den Hoden eines vor kurzem verstorbenen russischen Alkoholiker ein. Der Hund verwandelt sich nach der Operation nach und nach in einen Menschen. Es zeigt sich, dass er nicht nur das Aussehen eines Menschen geerbt hat, sondern auch seine schlechten Angewohnheiten. Er zeigt schlechte Manieren, spricht mit vulgären Ausdrücken, wird aggressiv und beginnt zu saufen. Er wird Angestellter bei der Stadtreinigung und bekommt es mit Kommunisten zu tun, die versuchen, ihn gegen seinen Herrn auszuspielen. Er wird wieder operiert und verwandelt sich zurück in einen Hund.

Die Perspektive der Erzählung wechselt mehrfach. Zu Beginn und am Ende der Erzählung wird die Geschichte aus der Perspektive des Hundes erzählt. Nach der ersten Operation wechselt die Perspektive der Geschichte in die des Mannes.

Chinesischer Schopfhund

Bull Terrier

Wohlfühlurlaub für den Hund

Es gibt Tierpensionen, wo die Tiere umsorgt werden, Hundepaten, die sich ein paar Stunden am Tag um das Tier kümmern, wenn Herrchen oder Frauchen auf Arbeit ist und ganz besondere SPA Einrichtungen, die dafür sorgen, dass es dem Hund gut geht. Sie können Wohlfühlmassagen und Faszienrollen buchen. Im Bergressort Seefeld sind Gäste mit Hund willkommen. Hundesitter gehen mit dem Vierbeiner aus. Es gibt eine extra Spielwiese, einen Hundeteich für Badespaß, wo auch wildes Herumtollen erlaubt ist und eine Hundetankstelle. Diese Ecke mit Futternäpfchen ist nicht lieblos gefüllt. Herrchen kann aus einer Speisekarte auswählen, was der Hund bekommt. Er soll sich ja schließlich auch wohlfühlen.

Auch unser Gesetzgeber mag Hunde. So kann in Deutschland das Ausführen von Hunden steuerlich abgesetzt werden. Der Bundesfinanzhof begründet dies mit der Aussage „der Begriff des Haushalts ist räumlich-funktional auszulegen: Er beschränke sich nicht auf die reinen Grenzen des Grundstücks.“ Also geht’s gar nicht direkt um den Hund. Er wird als Teil des Haushaltes angesehen. Abgesetzt werden kann das Ausführen aber nur, wenn sich ein professioneller Dienstleister darum kümmert. Tut es der Nachbar oder ein Bekannter, kann das beim Finanzamt nicht geltend gemacht werden. Es wird wahrscheinlich aber billiger sein, wenn sich ein Nachbar um das Tier kümmert und man kennt ihn und weiß, der beste Freund des Menschen ist in guten Händen.

Im Dog Spa in Detmold können nicht nur alle möglichen pflegenden Behandlungen gebucht werden, der Hund kann auch eine Aromatherapie oder eine Meerestherapie genießen. Es gibt einige Hunde Spas in Deutschland, bei denen der Vierbeiner so richtig verwöhnt wird. Natürlich nur solange Herrchen genügend finanzielle Mittel locker hat. Das Hunde Spa Larimar in Stegersbach (Österreich) gilt übrigens als das hundefreundlichste Hotel. Es wurde vielfach ausgezeichnet. Hier wird ihr Hund super umsorgt und verwöhnt. Im Corinthia Palace Hotel & Spa in Malta steht jedem Hund ein eigener Concierge zu. Das Hotel Pharisäerhof im Norden Frieslands hat einen 6.000 Quadratkilometer großen Auslaufpark mit einem großen Teich für die Vierbeiner angelegt. Und was macht man, wenn man Hunde liebt, aber keinen eigenen hat? Im „Aalerhüs" in Sankt Peter-Ording können Sie sich für eine Gebühr den Labrador des Hotelbesitzers ausleihen und mit ihm Gassi oder Spazieren gehen. Für nur 10 Euro dürfen Sie Schröti ausführen. Der Service heißt passenderweise „Schröti-to-Go".

In Australien kann ein Hund sogar Bonusmeilen sammeln, wenn er oft mit dem Flugzeug durchs Land reist. Das Programm „Pfötchen" gibt es in Amerika. Das Vielfliegerprogramm Velocity ist extra für Vierbeiner von einer amerikanischen Fluggesellschaft ins Leben gerufen wurden. Ein Hund kann so auch ganz Amerika bereisen und wird dafür belohnt. Auch für sportliche Betätigung wird hier und da gesorgt. So können Hundebesitzer im „Loews Coronado Bay Resort“ in Florida Surfunterricht für den Hund buchen. Eine Schwimmweste gibt es für den Vierbeiner natürlich auch. Und wer sich besonders geschickt anstellt, darf am jährlichen Hundesurfwettkampf teilnehmen. Für die Pflege zu Hause lässt sich eine elektrische Hundebadewanne bestellen.

Sealyham Terrier

Nova Scotia Duck Tolling Retriever

Ungewöhnliche Geschenke für Hunde

Geschenke für Hunde? Natürlich. Seinem besten vierbeinigen Freund möchte man eine Freude machen. Ein besonderes Leckerli, einen super großen Hundeknochen, eine kuschlige Ecke, eine schöne Decke für den Hund oder auch ein Hundespielzeug, das auch zerstört werden darf. All das sind die ganz normalen Dinge, die man ab und zu seinem Hund gönnt.

Aber bei Furbo, inkepunkt (inke.), Etsy und anderen spezialisierten Tierwebshops gibt es natürlich auch Kotgreifer, Gassibeutel, ein Poster mit dem Bild des eigenen Hundes, Hundehalstücher, Schlüsselanhänger und die angepassten Hundesocken für die kalte Jahreszeit. Furbo, eine Firma aus Taiwan, hat da schon speziellere und sehr ausgefallene Artikel. Die Hundekamera, mit der man den Vierbeiner immer im Blick hat zum Beispiel. Die Kamera hat einen integrierten Echtzeit-Bellalarm und einen Leckerliauswerfer. Hier wird moderne „Hundeerkennungstechnologie" verwendet.

Auf einigen Webseiten findet man Bastelanleitungen für Hundegeschenke. Kissen, Socken, wärmende Jacken, Hundeleine und so manches Spielzeug muss nicht teuer gekauft werden. Mit etwas Geschick und der richtigen Anleitung lassen sich viele Dinge selber machen. Und dabei können Sie richtig Geld sparen. Leckerlis und Hundenahrung lässt sich natürlich auch selbst herstellen. Es gibt sogar Rezeptsammlungen und Kochbücher für Hundeliebhaber.

Bei den ungewöhnlichen Geschenkideen gefällt besonders das „Pfotenreinigungswunder". Das ist eine Art Tasse mit einer Öffnung. Borsten in der Öffnung streifen den Schmutz von der Hundepfote ab und sammeln ihn im Inneren der Tasse. Sehr originell und super praktisch. Der „Zahnstocherspender mit Hundekopf" bietet dem verspielten Vierbeiner ein Mini-Stöckchen zum Apportieren und Spielen an. Der Tennisball-Blaster sorgt sicher für wilde Verfolgungsjagden und ist ein super-Spielzeug auf jedem Ausflug. Mit dem Bilderrahmen und dem dazugehörigen Formschaum lässt sich eine Hundepfote festhalten und für immer und ewig an die Wand tackern. So hat man immer einen „Pfotenabdruck" seines Vierbeiners in

Sichtweite. Für Besitzer von Hund und Action-Kamera gibt es natürlich auch das Hundegeschirr, mit dem die Kamera direkt am Hund befestigt werden kann. So wird der Vierbeiner zum Hobbyfilmer. Für alle Hobbyköche gibt es auch einen Dörrautomaten für selbsthergestellte Leckerlis. Natürlich gibt es auch die Hundetorte, die den Vierbeiner besonders freut, die Tragetasche für kleine Hunde oder ein Autoschild mit Pfote. Auch Büroklammern als Hunde- oder Knochenmotiv und ein Napfklo, bei dem der Hund erstmals aus dem Klo trinken darf. Natürlich ist es ein kleines nachgemachtes Örtchen.

Australian Cattle Dog

Do Khyi (auch Tibetdogge oder Tibetmastiff)

Impressum
Sabrina Gruber und Reller vertreten durch:
Wolfgang Fallmann, Oberdörfl 25, 9072 Ludmannsdorf
info@wolfgangfallmann.com

Printed in Poland
by Amazon Fulfillment
Poland Sp. z o.o., Wrocław

89586489R00066